DES

INSTRUMENTS

PERFECTIONNÉS

D'AGRICULTURE.

INSTRUCTIONS SUR LEUR EMPLOI.

(Extrait du Calendrier du Bon Cultivateur, 10e édition.)

NANCY,
IMPRIMERIE DE Vᵉ RAYBOIS,
Rue du Faub. Stanislas, 3.

1860.

DES
INSTRUMENTS
PERFECTIONNÉS
D'AGRICULTURE.

INSTRUCTIONS SUR LEUR EMPLOI.

(Extrait du Calendrier du Bon Cultivateur, 10ᵉ édition.)

NANCY,

IMPRIMERIE DE Vᶜ RAYBOIS,

Rue du Faub. Stanislas, 3.

1860

Nancy, imprimerie de veuve Raybois.

INSTRUMENTS PERFECTIONNÉS

D'AGRICULTURE.

Instructions sur leur emploi.

Dans les précédentes éditions du CALENDRIER DU BON CULTIVATEUR, même dans la huitième, publiée depuis la mort de M. de Dombasle, avec quelques additions, les instructions sur les instruments d'agriculture ont toujours été placées à la suite des travaux de l'année, avant les notices sur divers sujets : les *irrigations*, la *marne*, le *fumier*, etc. : et, en effet, les instruments méritent bien cette préséance, car ils sont la base de l'édifice agricole ; ils sont la source de toutes les améliorations pratiques; leur adoption judicieuse dans une exploitation, y amène à la fois l'augmentation des produits et la réduction des frais ; le cultivateur qui se décide à les employer, fait, par là même, un acte de progrès et de renoncement aux idées routinières, et on peut dire avec vérité des instruments perfectionnés, qu'ils sont les auxiliaires les plus puissants d'une bonne révolution agricole, parce qu'ils portent avec eux la double influence des résultats qu'ils opèrent, et des idées nouvelles qui sont la conséquence de leur introduction : en effet, ceux qui les voient fonctionner, sont amenés tout naturellement à les comparer aux instruments connus dans la localité : le sort des instruments nouveaux est d'être vus d'abord avec défiance ; mais, s'ils sont bons, ils ne tardent pas de devenir l'objet de l'attention des cultivateurs les moins disposés à adopter des idées nouvelles, et ce travail intellectuel ouvre ou du moins prépare leur esprit à accueillir les idées de perfectionnement et de progrès. Sous ce rapport, l'influence des instruments est plus puissante que celle des livres; car les livres ne propagent que des idées, tandis que les instruments portent à la fois les idées et les faits : or, c'est surtout par l'exemple qu'il est possible d'agir sur la classe des cultivateurs, qui ont toujours le temps de voir, mais qui n'ont pas toujours le temps de lire.

Malgré ces considérations sur l'importance des instruments, il a paru convenable de placer dorénavant à la fin de ce volume les notices qui les concernent ; et en voici la raison. La fabrique d'instruments d'agriculture de Nancy, qui doit à M. de Dombasle toute la confiance qu'elle inspire et tous les développements qu'elle a pris et qu'elle prendra encore, remplirait mal les intentions de son fondateur si elle restait stationnaire : les deux hommes qui la dirigent depuis douze ans et qui voient d'année en année s'étendre et s'accroître leurs relations avec les vrais cultivateurs, ne craignent pas de repousser comme calomnieuses les malveillantes allégations insérées récemment dans un journal presque officiel, le *Pays, journal de l'empire*, du 2 janvier 1855, et répétées quelques jours après dans un journal agricole, le *Moniteur des Comices*, du 13 du même mois : la fabrique de Nancy, qui se fait honneur de n'être protégée pas aucun brevet et de n'avoir jamais coûté un centime au budget de l'agriculture, sait bien qu'elle ne peut se contenter de vivre sur son ancienne réputation ; elle se préoccupe sans cesse de marcher dans la voie sans limites d'un sage progrès, et les instruments qu'elle livre en 1855 ne sont déjà plus ceux que M. de Dombasle livrait en 1843 ; quelques-uns sont entièrement nouveaux, et tous les autres ont reçu, et probablement recevront encore des modifications, à mesure que l'expérience viendra en faire reconnaître l'opportunité. Parmi les notices sur les instruments, il en est donc d'entièrement nouvelles, et celles qui ne le sont pas ne sont plus telles que M. de Dombasle les a primitivement écrites. Mais si, par la force des choses, il est devenu nécessaire de supprimer ou de changer quelques pages de son travail primitif, son esprit, ses idées tout entières dominent encore dans cette dernière partie de son livre, où deux articles principaux, *l'influence du poids des charrues* et *l'introduction des nouveaux instruments* n'ont reçu aucune modification ; et dans les instructions détaillées sur les divers instruments, tout ce qu'il y a de bon dans le fond et dans les doctrines, est encore en entier l'œuvre de M. de Dombasle.

Dans la huitième édition, les passages ajoutés ou modifiés ont été imprimés en caractère plus menu que le reste du volume : il en résultait une sorte de bigarrure peu agréable aux yeux du lecteur. Cet inconvénient serait devenu plus sensible encore dans cette dixième édition, et c'est pour l'éviter que j'ai jugé convenable de répéter ici cet avertissement.

Mars, 1855.   C. DE M.-D,

———

Les arts de l'industrie se perfectionnent tous les jours. Lorsqu'on a introduit dans la culture des terres la charrue en place de la bêche, la herse en place du râteau, le chariot en place du traîneau, c'étaient là des innovations qui, sans doute, ont inspiré d'abord beaucoup de défiance et même de répugnance chez les hommes qui tiennent à leurs anciennes habitudes ; mais l'utilité de ces instruments a fini par en faire adopter généralement l'usage. Aujourd'hui que les arts de la mécanique ont fait de très-grands progrès, on a imaginé de nouveaux instruments qui paraissent tout aussi extraordinaires à la plupart des hommes que le chariot l'a paru à celui qui l'a vu pour la première fois : est-ce une raison pour refuser de faire usage d'un instrument qui peut exécuter, avec plus d'économie ou avec plus de perfection, les principales opérations de la culture des terres ?

Il y a encore des cantons, en Europe, où l'usage des chariots est inconnu dans les travaux des champs : tous les transports se font à dos d'animaux ou sur des traîneaux. Regarderait-on comme un homme raisonnable l'habitant de ces cantons qui refuserait de faire usage d'un chariot, parce que ce n'est pas la coutume du pays ? Il en est absolument de même pour plusieurs nouveaux instruments qui sont en usage déjà depuis quarante ou cinquante ans dans plusieurs parties de l'Europe, où l'on trouve, dans leur emploi, une économie immense de main-d'œuvre, ou bien l'avantage d'exécuter les travaux de la culture avec plus de perfection.

Je vais faire connaître l'usage d'un certain nombre de ces instruments, choisis parmi ceux dont l'utilité a été constatée par l'expérience, de la manière la plus certaine. Je le ferai avec d'autant plus de confiance, que je les ai employés moi-même pendant longtemps, dans des terres de nature très-variée, et dont plusieurs parties étaient fort argileuses ou encombrées de pierres. J'indiquerai pour chacun d'eux les précautions les plus importantes pour les employer avec succès.

L'ARAIRE *ou* CHARRUE SIMPLE (*fig.* 1 *et* 2).

L'*araire*, ou *charrue simple* ou *sans avant-train*, est seul employé à tous les labours dans un grand nombre de contrées ; dans d'autres, au contraire, il est entièrement inconnu, et la plupart des cultivateurs de ces cantons ont peine à croire qu'une charrue puisse marcher régulièrement sans avant-train. Depuis longtemps déjà, la charrue simple a été introduite successivement dans plusieurs parties les mieux cultivées de l'Europe, et l'on a reconnu partout qu'elle donne un labour aussi bon ou meilleur qu'une charrue à avant-train, et qu'elle exige beaucoup moins de force de tirage.

Partout où elle est en usage depuis longtemps, on n'y attelle généralement que deux chevaux ou deux bœufs, pour les labours ordinaires, excepté dans les terres fortement argileuses. Dans les cantons où l'on a l'habitude d'employer quatre ou six chevaux, ou même davantage, attelés à une charrue à avant-train, et où l'on a essayé la charrue simple, on a souvent reconnu qu'un attelage de deux ou trois bêtes suffit pour donner un excellent labour. Aussi, partout où l'on a fait ces essais, on voit se propager l'usage de cette charrue, et elle se répand de plus en plus dans les cantons cultivés avec le plus de soin.

Lorsqu'elle est solidement construite et munie d'un versoir en fonte, la charrue simple exige beaucoup moins de réparations que la charrue à avant-train ; il suffit d'un seul homme pour la conduire, toutes les fois que l'attelage n'est formé que d'une paire d'animaux, et il est même nécessaire, pour que les sillons soient bien droits, que l'homme qui tient les manches de la charrue conduise aussi les deux chevaux ou les deux bœufs, ce qui est fort facile : de cette manière, les sillons sont bien plus droits qu'on ne peut les faire avec une charrue conduite par un aide marchant à côté des chevaux, parce que l'homme qui tient les mancherons se trouve placé au point le plus favorable pour juger exactement la direction que prend l'attelage.

La charrue simple peut labourer par des temps très-humides, tandis que les roues de la charrue à avant-train s'embarrassent de terre, et que le grand nombre de chevaux qui y sont attelés piétinent le sol de la manière la plus fâcheuse, surtout dans les terres fortes ; elle peut aussi labourer par de grandes sécheresses, où il serait impossible à une charrue à avant train mal construite de *piquer* en terre. Elle fait des tournées beaucoup plus courtes, et laboure les deux extrémités du sillon aussi bien et aussi profondément que tout le reste, ce qu'il est impossible d'obtenir avec la charrue à avant-train, pour peu que la terre soit dure.

N'ayant guère employé, pendant plus de vingt ans, d'autres charrues que des charrues simples, dans un sol fort argileux et dans un canton où l'on est dans l'usage d'atteler communément six ou huit chevaux à la charrue à avant-train, je puis annoncer avec confiance ces avantages, sans crainte d'être contredit par aucun cultivateur possédant une bonne charrue simple et sachant bien la manier. Au reste, c'est surtout dans les labours profonds que la charrue simple développe toute sa supériorité, et, avec une charrue de cette espèce, il n'est pas plus difficile de faire un labour de 22 à 25 centimètres (8 à 9 pouces) de profondeur, que de ne prendre que 11 à 14 centimètres (4 à 5 pouces), avec une charrue ordinaire à avant-train ; et dans ce cas même, le tirage n'est pas augmenté dans la proportion de la profondeur du labour : aussi, c'est lorsqu'on a été à portée d'observer les bons effets que produisent presque partout les labours profonds, que l'on apprécie convenablement les avantages de la charrue simple. Lorsqu'elle est tenue par un homme sachant bien la conduire, les pierres, quelque nombreuses qu'elles soient dans le sol, ne forment pas plus d'obstacle à sa marche qu'à celle de la charrue à avant-train.

La charrue simple présente cependant un inconvénient qu'il ne faut pas dissimuler : elle est beaucoup plus difficile à construire que la charrue à avant-train ; elle exige bien plus de précision et d'exactitude dans la fabrication et dans l'assemblage de toutes ses parties. Une charrue à avant-train, un peu mieux ou un peu plus mal construite, va plus ou moins bien ; mais elle va, et elle exige seulement, si elle est vicieuse, un ou deux chevaux de plus, ou quelquefois davantage : mais, avec une charrue simple mal construite, il est impossible d'exécuter un labour passable. C'est sans doute cette nécessité d'une plus grande précision dans la confection de cette espèce de charrue, qui en a retardé l'emploi dans les cantons où la maladresse ou l'ignorance des constructeurs les empêchent de s'assujettir à des règles fixes et à une fabrication bien raisonnée et parfaitement uniforme.

Il y a un genre de labour pour lequel la charrue simple convient réellement moins que la charrue à avant-train. Lorsqu'en rompant un pré on ne veut écroûter le gazon qu'à une épaisseur de 4 à 6 centimètres (1 ou 2 pouces), comme cela est préférable pour quelques opérations particulières, par exemple pour l'écobuage ou pour le déchaumage, il est fort difficile de maintenir l'égalité du labour à une aussi petite profondeur avec la charrue simple. Dans tous les autres labours, même pour rompre un pré, pourvu qu'on veuille prendre au moins 8 à 12 centimètres (3 ou 4 pouces) de profondeur, cette charrue se conduit avec beaucoup de facilité. (Voyez, ci-après, *la petite charrue légère à un cheval.*)

Les charrues construites dans ma fabrique, peuvent à volonté être adaptées à un avant-train d'une forme particulière, dont il sera parlé plus en détail ci-après.

Je laisserai chaque cultivateur faire le calcul de l'économie qu'il peut trouver à faire usage des charrues de cette espèce, et je vais donner ici quelques directions aux personnes qui, n'en connaissant pas la marche, voudraient en faire l'essai.

Le maniement de la charrue simple ne présente aucune difficulté réelle ; cependant il exige quelque attention et quelques soins particuliers de la part des hommes qui ont l'habitude de manier la charrue à avant-train, ou l'araire à timon roide, employé dans les parties méridionales de la France. Je crois qu'un homme intelligent, animé de bonne volonté, réussira facilement à la manier, au moyen des explications suivantes.

En conduisant la charrue simple, le laboureur est obligé de faire aussi fréquemment le mouvement de soulever les mancherons que celui d'exercer une pression verticale ; il doit donc se placer de manière à pouvoir exécuter facilement ces deux mouvements, qui, au reste, pour l'homme qui manie bien l'instrument, doivent toujours être très-doux, très-modérés et n'exigent que peu d'effort. Pour cela, le laboureur doit marcher dans la raie, le corps droit et non penché en avant, comme dans la conduite de la charrue à avant-train ; il doit saisir les mancherons par dessous, en plaçant en dessus le pouce et l'extrémité des doigts, et le poignet de côté et non en dessus, comme fait le laboureur qui manie une charrue à avant-train.

La charrue simple s'enfonce lorsqu'on soulève les mancherons ; elle sort de terre ou prend moins de profondeur lorsqu'on presse sur les manches : ces mouvements sont tout l'opposé de ceux qu'exige la charrue à avant-train. Lorsqu'on veut prendre plus de largeur de raie, on appuie légèrement la charrue à droite ; et on l'incline, au contraire, un peu vers la gauche, lorsqu'on veut diminuer la largeur de la raie, ou plutôt de la tranche de terre que prend la charrue.

La charrue doit être ajustée de manière à marcher régulièrement seule, c'est-à-dire, sans que le laboureur touche les mancherons, à la profondeur et à la largeur de raie pour lesquelles elle a été réglée. On doit donc, lorsqu'on n'a pas encore l'habitude de la conduire, l'abandonner ainsi à elle-même pendant quelques instants, c'est-à-dire, sur une longueur de dix à vingt pas, en supposant un sol uni et exempt de pierres : si, dans cette épreuve, la charrue s'enfonce trop profondément ; si, au contraire, elle tend à sortir de terre ; si la largeur de la bande qu'elle prend augmente ou diminue sensiblement, on peut être assuré que la charrue n'est pas bien ajustée ; et, comme la régularité de la marche de l'instrument dépend essentiellement de cet ajustage, on ne doit rien négliger pour arriver à l'établir avec précision. Je ne puis trop insister sur ce point, parce que c'est là l'obstacle devant lequel on a échoué dans plusieurs essais tentés avec la charrue simple : tant que cette charrue n'est pas bien ajustée, il est impossible qu'elle exécute un labour passable ; on ne doit donc pas s'obstiner à la faire travailler, lorsque le la-

boureur est forcé, pour lui faire prendre la tranche convenable, de faire constamment le même effort, soit en
pressant sur les mancherons, soit en les soulevant, soit en
inclinant l'instrument à droite ou à gauche ; il faut s'arrêter sur-le-champ et changer le régulateur selon le besoin. Aussitôt que l'on aura trouvé le point d'ajustage
convenable, on verra que la charrue marche régulièrement, sans aucune difficulté. L'homme un peu exercé
reconnaît sans hésiter ce qu'il y a à faire au régulateur,
pour corriger le défaut de marche de l'instrument ; mais,
lorsqu'on le manie pour la première fois, on a dû se
résoudre d'avance à quelques tâtonnements ; avec un peu
de persévérance, on arrive bientôt à trouver le point convenable.

La charrue s'ajuste au moyen du régulateur, pièce de
fer en forme d'équerre, placée à la partie antérieure de
l'âge. La branche percée de trous est disposée verticalement dans la mortaise destinée à cet usage, et elle y est
arrêtée à la hauteur que l'on désire, au moyen d'un boulon
qui traverse l'âge ; l'autre branche, qui porte les dents,
est placée horizontalement en bas, tournée vers la gauche
ou vers la droite, selon le besoin. La chaîne du régulateur présente une maille allongée qu'on engage dans une
des dentures de la branche horizontale du régulateur, le
crochet d'attelage placé en avant ; et la partie postérieure
de la chaîne se fixe en arrière du régulateur sur le crochet placé sous l'âge. Je ferai remarquer ici que ce n'est
pas toujours par la dernière maille de la chaîne que celle-
ci doit se fixer sur le crochet, mais qu'on doit l'accrocher
le plus court que l'on peut, de manière que la maille allongée qui est engagée sur le régulateur y joue librement,
sans que jamais la partie postérieure de cette maille

vienne s'appuyer contre le régulateur. En effet, le tirage ne doit jamais s'opérer sur le régulateur, mais bien sur le crochet placé sous l'âge. J'insiste sur cette recommandation, parce que c'est une faute que l'on a commise souvent, lorsqu'on a essayé cette charrue sans la connaître ; et il en est résulté que l'on a forcé le régulateur, et que l'on a dit qu'il était trop faible, tandis qu'il éprouve très-peu de fatigue lorsqu'il est employé convenablement, parce qu'alors tout l'effort se porte sur le crochet ; le régulateur n'est là que pour maintenir la partie antérieure de la chaîne sur un point fixe, dans les lignes horizontale et verticale ; mais il ne doit jamais supporter l'effort du tirage.

Pour augmenter la profondeur du labour ou pour donner plus d'entrure à la charrue, on élève le régulateur en le faisant glisser dans la mortaise, et on l'arrête en plaçant le boulon dans un autre trou de la branche verticale. Si, au contraire, la charrue prend trop profondément, on diminue l'entrure en abaissant le régulateur. Pour augmenter la largeur de la tranche de terre, ou pour donner à la charrue *plus de raie*, on avance vers la droite la maille allongée de la chaîne, en l'engageant dans une autre dent de la branche horizontale du régulateur. Pour cela, il suffit de tourner la maille allongée pour pouvoir la faire passer d'une dent à l'autre. On diminue, au contraire, la largeur de la raie, en avançant vers la gauche la maille allongée. Pour ces deux manœuvres, on dispose la branche dentelée vers la droite ou vers la gauche, selon que le besoin l'indique, c'est-à-dire que, si elle est disposée vers la gauche, on la change en retournant le régulateur, lorsqu'elle ne présente plus assez de marge pour avancer la maille allongée vers la droite.

Tout ceci se rapporte au régulateur que j'ai adopté pour les charrues sorties de ma fabrique, et auquel j'ai donné la préférence parce qu'il est à la fois simple, solide et peu coûteux. Avec un peu d'attention, on reconnaîtra facilement la manœuvre qui convient, pour chaque cas, à des régulateurs de forme différente, comme on en rencontre, et même de fort ingénieux, sur quelques autres charrues. Le principe est toujours le même, et on en saisira facilement les applications, en comprenant bien que, quelle que soit la position du régulateur, l'action du tirage tend à placer sur une même ligne droite le point du tirage ou de la puissance (l'épaule des chevaux), le point d'attache (la maille allongée placée sur le régulateur) et le point de résistance.

Avec les moyens que je viens d'indiquer, le régulateur donnera tous les degrés d'entrure que l'on peut désirer, pourvu que les traits des chevaux aient la longueur convenable. On s'apercevra facilement qu'ils sont trop courts, lorsque la charrue ne prendra pas une entrure suffisante, quoiqu'on ait élevé le régulateur autant que possible, en plaçant le boulon dans le dernier trou du bas de la branche verticale. Les traits trop courts, surtout lorsqu'on emploie des chevaux de grande taille, prennent une direction inclinée depuis le collier des chevaux jusqu'au régulateur, et tendent à soulever de terre le devant de la charrue : il faut y remédier en rapprochant la direction des traits de la ligne horizontale, c'est-à-dire, en les allongeant : et réciproquement on doit les raccourcir, lorsque, après avoir abaissé le régulateur jusqu'au dernier trou du haut, la charrue prend encore trop d'entrure. Par la combinaison de ces deux moyens pris dans la manœuvre du régulateur et dans la longueur des traits, on se rend entièrement maître de l'entrure de la charrue, dans toutes les circonstances possibles.

Lorsqu'on travaille avec des bœufs au joug, on les attelle au moyen d'une lancette, pièce de bois semblable à la partie antérieure du timon roide employé dans le midi de la France : la lancette n'est autre chose que ce timon coupé à trois ou quatre pieds en arrière du joug qu'il traverse, et de là part la chaîne d'attelage qui va se fixer sur le crochet de la chaîne du régulateur. Les observations que j'ai faites sur la longueur des traits des chevaux se rapportent également à la longueur de la chaîne d'attelage. Si l'on fait attention à cette observation, on se convaincra que la charrue simple fonctionne avec des bœufs au joug tout aussi bien qu'avec des chevaux, et qu'elle n'a besoin, pour cela, ni de plus ni de moins d'entrure, comme quelques personnes ont cru le remarquer, parce que presque toujours on avait donné trop peu de longueur à la chaîne d'attelage.

Si l'on emploie des bœufs tirant au collier, ils sont attelés absolument de même que les chevaux, c'est-à-dire que les traits de chaque paire de bœufs sont attachés à deux palonniers fixés sur une volée suspendue, par l'anneau qu'elle porte au milieu, au crochet de la chaîne du régulateur.

Deux circonstances peuvent toutefois influer aussi sur la largeur de la raie que prend la charrue : je veux parler de la construction du soc et de la disposition du coutre.

Lorsqu'on fait construire un soc neuf, ou que l'on en fait rechausser un vieux, on doit veiller avec soin à ce qu'il soit entièrement semblable au soc neuf que l'on a reçu avec la charrue, et surtout que la pointe ne donne

pas plus à gauche, ce qui ferait prendre trop de largeur
de raie à la charrue. Les socs de fonte qui s'adaptent aux
charrues que l'on construit à ma fabrique présentent cet
avantage, que l'on est partout à l'abri de la maladresse
des forgerons. L'usage de ces socs est d'ailleurs fort économique, et, lorsqu'ils sont de bonne qualité, ils conviennent à toute espèce de sols. Il faut remarquer, pourtant,
que ces socs de fonte étant destinés à faire un assez long
usage, et à s'user, par le frottement, sur la partie latérale
de la pointe aussi bien que sur le tranchant, sans qu'il
soit possible de les rebattre, il a fallu donner aux socs
neufs une tendance à prendre un peu trop de raie. Cette
disposition, qui disparaît promptement par l'usage, ne se
fait remarquer que dans les premières attelées ; elle est
facile à corriger au moyen du régulateur, et elle est tout
à fait dans l'intérêt des consommateurs, puisqu'un soc
dure plus longtemps à l'état de soc usé qu'à celui de
soc neuf, et que s'il ne prenait pas d'abord un peu
trop de raie, il arriverait bientôt qu'il n'en prendrait pas
assez.

Quant au coutre, la position de la pointe présente une
grande importance pour la largeur de la raie que prend la
charrue : si le coutre était forcé le moins du monde, de
manière que sa pointe fût portée plus à droite ou plus à
gauche qu'elle ne doit l'être, cela changerait entièrement
la marche de la charrue. La règle, à cet égard, est que la
pointe du coutre doit se trouver de 7 à 9 millimètres (3
ou 4 lignes) en dehors de la face gauche du corps de la
charrue ; en sorte que le coutre prend un peu plus de terre
que s'il était placé immédiatement en avant de la gorge.
On doit savoir aussi que plus le coutre pénètre profondément en terre, plus il fait prendre de largeur de raie à la

charrue ; en sorte que, sans rien changer au régulateur, on peut diminuer la largeur de la raie, en relevant un peu le coutre. Au reste, la pointe du coutre ne doit jamais descendre à plus de moitié de la profondeur de la raie, et si on la fait pénétrer trop profondément dans un sol très-dur ou rempli de pierres, on risque de forcer le coutre, sans aucun avantage pour le labour. Il convient même, dans les sols de ce genre, de ne faire pénétrer la pointe du coutre que de 3 à 5 centimètres (1 pouce ou 2) dans la terre ; et, dans les sols très-pierreux, il vaut mieux ôter entièrement le coutre ; le labour est moins propre, mais n'en est pas moins bon.

L'attelage le plus convenable pour la charrue sans avant-train consiste en une seule paire d'animaux attelés de front, et conduits par le même homme qui tient les manches de la charrue. Le laboureur doit s'habituer à aligner son labour, en fixant les yeux, entre les têtes des animaux, sur un objet éloigné, comme un arbre, une maison, ou un jalon qu'il a placé, à cet effet, à l'extrémité du billon ; de cette manière, il peut tirer des sillons alignés avec une rectitude parfaite. Pour les labours en sols très-tenaces, on est obligé d'y atteler trois ou quatre animaux ; mais alors il devient nécessaire d'employer un second homme à conduire l'attelage, et l'on perd l'avantage de pouvoir tracer des sillons parfaitement droits, parce que le conducteur, étant placé à côté de l'attelage, ne peut juger de la direction aussi bien que peut le faire le laboureur, en s'alignant comme je viens de le dire ; aussi ne remarque-t-on des sillons parfaitement droits que dans les cantons où l'attelage de la charrue est conduit par le même homme qui tient les mancherons. Dans les sols tenaces, en temps humides, il est souvent fort utile d'atteler les animaux à la file, marchant tous dans la raie. Pour quelques cas particuliers, par exemple pour le repiquage du colza derrière la charrue, afin d'éviter que les pieds des chevaux ne dérangent le plant, on attelle deux chevaux à la file, en les faisant marcher tous deux à côté de la raie, sur la terre non labourée. La manœuvre du régulateur se prête à ces diverses combinaisons de modes d'attelage, sans déranger la marche directe de l'instrument.

Pour tourner au bout du billon, on renverse la charrue à droite, en la faisant traîner sur l'extrémité postérieure du versoir, et en la dirigeant au moyen du mancheron gauche : au moment de rentrer en raie, le laboureur redresse la charrue, et, saisissant les deux mancherons, il les tire fortement à lui, en portant la charrue dans la direction de la nouvelle raie qu'il doit entamer. C'est le seul instant qui exige l'emploi d'un peu de force ; cependant cette manœuvre demande plutôt de l'habitude et de l'adresse qu'un effort considérable.

Pour que la charrue marche avec une régularité parfaite, il est nécessaire que le régulateur soit très-fixe sur l'âge : ainsi lorsqu'il arrive que, par usure ou pour toute autre cause, la tige verticale du régulateur prend quelque ballottement dans la mortaise, un laboureur expérimenté ne manque pas de la fixer solidement, au moyen d'une petite bûchette de bois qu'il taille en forme de coin, et qu'il enfonce dans la mortaise, au-dessus de l'âge, à côté de la tige du régulateur, de manière à empêcher tout ballottement. Cette observation, au reste, n'est à l'usage que de ceux qui ont déjà acquis une grande dextérité dans le maniement de la charrue : les commençants ne pourraient apprécier la différence qu'apporte cette petite délicatesse de l'art dans la marche de l'instrument.

Je dois prémunir les personnes qui font usage de la charrue simple contre un défaut dans lequel tombent souvent les laboureurs qui ne la connaissent pas bien ; ce défaut consiste à opérer un labour en *crémaillère*, ce qui arrive lorsque la charrue marche habituellement inclinée vers la gauche, au lieu d'être dans son aplomb : le soc, alors, ne tranche pas la terre horizontalement, comme il doit toujours le faire ; mais la raie se trouve plus profonde sur la gauche contre la terre non labourée que de l'autre côté. C'est un défaut très-grave dans le labour, et qui provient uniquement non pas de ce que le régulateur est mal construit, comme on le croit quelquefois, mais de ce qu'en le mettant en place on lui a donné une disposition vicieuse et mal raisonnée, dont l'effet est de faire prendre trop de raie à la charrue, en sorte que le laboureur est forcé de la tenir constamment inclinée vers la gauche, pour quelle ne prenne pas une bande trop large. On fait complétement disparaître ce défaut, en avançant la maille allongée d'un ou deux crans vers la gauche, sur la branche horizontale du régulateur. Lorsqu'on laboure en travers un terrain en pente, on ne doit pas permettre que la charrue marche inclinée à droite ou à gauche, selon la pente du terrain ; mais elle doit toujours être dans une situation verticale, de même que si l'on travaillait sur un terrain horizontal. De cette manière, la bande de terre se retourne bien, même en jetant du côté du haut, pourvu que la pente ne soit pas trop forte.

La dernière raie d'un billon, soit qu'on le fende, soit qu'on l'endosse, est celle qu'il est le plus difficile de faire correctement avec la charrue simple, pour les personnes

qui n'y sont pas habituées. Il est clair que si l'avant-der-
nière raie qui est à la gauche du laboureur, lorsqu'il trace
la dernière, en fendant un billon, ou si la raie du billon
voisin, lorsqu'on l'endosse, est aussi profonde que celle
qu'on ouvre, le sep de la charrue glissera dans cette raie
voisine malgré tous les efforts du laboureur, et la dernière
raie se trouvera mal renversée.

Pour éviter cet inconvénient, il suffit de donner à la
dernière raie un peu plus de profondeur qu'à la voisine,
ce qu'on a dû déjà prévoir en traçant celle-ci ; le sep
trouve ainsi un appui sur la gauche, et cette dernière
raie, qui est la plus essentielle pour un bon labour, se
fait aussi facilement et aussi correctement que toutes les
autres.

Le soc étant la partie de la charrue qui éprouve le plus
de fatigue dans le travail, doit être attaché très-solidement
à la place qui lui convient ; et la charrue marche irrégu-
lièrement si le tranchant du soc n'est pas ainsi fixé d'une
manière bien ferme. Pour les charrues à soc américain
(*fig.* 3, 4 et 5), c'est sur les boulons qui unissent le soc
à l'avant-corps que l'on doit porter fréquemment son attention, surtout chaque fois que l'on a mis en place un
soc neuf. En plaçant le soc, on doit avoir soin de serrer
fortement les boulons, de manière que le soc ne forme
pour ainsi dire qu'une seule pièce avec l'avant-corps :
mais ce premier soin ne suffit pas longtemps, surtout lorsqu'on laboure dans des terrains pierreux ou caillouteux
où la succession des petits chocs que reçoit le soc ne tarde
pas à déterminer un ébranlement dont le résultat est que
la tête des boulons se trouvant logée un peu à l'aise dans
le trou fraisé pratiqué sur le soc, l'écrou ne serre plus et
peut alors se dévisser tout à fait, si on n'y prend pas

garde. On ne saurait donc trop recommander de prendre l'habitude de visiter souvent et de tenir constamment bien serrés les boulons de socs, et surtout, des socs neufs : moyennant cette précaution, on se convaincra bientôt que ce n'est que par négligence qu'on perd quelquefois des boulons.

En posant un soc de la fabrique de Nancy, on s'apercevra que les boulons et par conséquent les écrous sont taraudés à gauche, c'est-à-dire, en sens inverse du pas de vis ordinaire. Cette innovation a été introduite pour donner satisfaction à un nombre fort considérable de cultivateurs qui prétendaient que des boulons taraudés à gauche auraient bien moins de chances de se perdre. Rien ne prouve que cette idée soit autre chose qu'un préjugé : mais si elle ne repose pas sur un raisonnement bien juste, elle est du moins un de ces préjugés innocents auxquels on peut, sans inconvénient, faire une concession. Voilà pourquoi les boulons de socs sont taraudés à gauche ; et peu à peu cette pratique s'est étendue à tous les boulons de la fabrique de Nancy.

Lorsqu'on fera *rechausser* un soc, opération que je suis loin de conseiller, ou que l'on en fera faire un neuf, on doit, comme je l'ai déjà dit, mettre une grande attention à ce que sa pointe donne un peu à gauche, mais pas plus que celle d'un soc neuf bien construit, que l'on doit toujours conserver pour modèle, lorsque les ouvriers qu'on emploie n'ont pas encore l'habitude de ce genre de construction. Une erreur que je dois signaler, parce qu'on y est tombé quelquefois, c'est de prendre un soc de fonte pour servir de modèle pour des socs de fer ou d'acier. Par les raisons données plus haut (page 704), les socs de fonte et les socs d'acier sortis de ma fabrique n'ont pas exactement la même forme. Je dois ajouter, enfin, que depuis que l'adoption du soc américain a considérablement réduit le prix des socs, le rechaussage est une opération qui ne présente plus aucun avantage. Du temps des grands socs à douille, qui coûtaient 16 francs, et qui s'usaient surtout sur le tranchant, il fallait bien les faire durer; le rechaussage était une nécessité et une bonne opération : mais avec des socs américains qui ne coûtent que 6 francs, et qui s'usent à peu près également sur toute la surface, le rechaussage a perdu toute son importance ; car, sans parler de la difficulté de trouver des maréchaux disposés à le bien faire, il est facile de comprendre qu'un soc rechaussé sera toujours loin de valoir un soc neuf et coûtera presque aussi cher, puisque au prix du rechaussage il faut ajouter la valeur du vieux soc qui trouvera toujours utilement son emploi comme acier.

C'est des circonstances dont je viens de parler que dépend principalement la régularité de la marche de la charrue.

Avant-Train. Bien qu'une longue expérience ait convaincu M. de Dombasle de la supériorité de l'araire sur la charrue à avant-train, il se décida, en 1833, à faire établir, dans sa fabrique, à Roville, un avant-train d'une construction particulière, pouvant à volonté s'adapter à toutes ses charrues (bien moins nombreuses alors qu'elles ne le sont devenues depuis), pour les cas peu fréquents où cette addition peut être utile; et cet avant-train était le même qui s'adaptait aussi aux scarificateurs, aux extirpateurs, aux rayonneurs, etc., sortis de la même fabrique, de manière que, dans beaucoup de petites exploitations, un seul avant-train peut suffire pour l'usage de ces divers instruments. Les fig. 2, 11, 12, 13, 15 et 16, à la fin de ce volume, représentent l'avant-train successivement adapté à une charrue, à un scarificateur, et à un rayonneur.

Cet avant-train, auquel M. de Dombasle avait donné le nom d'avant-train à goujon, et qui sera désormais désigné sous le nom d'*avant-train Dombasle*, remplace avec beaucoup d'avantage, depuis la fin de 1843, l'ancien avant-train à montant carré, qui lui-même était déjà une troisième modification de l'avant-train primitif de 1833. Aujourd'hui, construit presque entièrement en fer et d'une extrême solidité, il est conçu de telle sorte qu'on peut facilement et sans arrêter l'attelage, augmenter ou diminuer la profondeur du labour, en haussant ou baissant la tête de l'âge de la charrue. Une forte vis en fer, maintenue par une arcade également en fer qui prend son appui sur l'essieu, a remplacé le montant carré vertical, sur lequel glissait la boîte à coulisse ; et sur cette vis, qui est mise en mouvement par une manivelle, s'élève ou s'abaisse un fort écrou attaché à l'extrémité antérieure du goujon, et servant ainsi de régulateur pour la profondeur du labour.

Dans les premiers avant-trains à vis, il arrivait souvent que diverses causes faisaient tourner la vis dans son écrou, ce qui rendait irrégulière la profondeur du labour. On a évité cet inconvénient dans l'avant-train Dombasle, en y appliquant une manivelle à charnière, dont la poignée vient s'abattre dans l'un des cinq crans de la plaque à coulisse dont la vis occupe le centre.

Cette vis est établie de manière à conserver toujours une direction perpendiculaire à l'essieu ; mais elle peut être rapprochée de l'une ou de l'autre roue, au moyen d'un manchon mobile qui glisse sur l'essieu et se fixe

avec une goupille en fer. Dans le haut, la vis est maintenue au centre d'une plaque à coulisse qui glisse sur la
partie supérieure de l'arcade, où elle se fixe également
avec une goupille. Cette disposition permet de rapprocher, suivant les circonstances, la tête de la charrue de
l'une ou de l'autre roue, et de régler la largeur de la raie
en maintenant l'avant-train dans une direction toujours
parallèle à la marche de la charrue, sans que jamais la
roue qui chemine dans la raie vienne frotter contre l'ancien guéret.

La position de la vis et par conséquent de la charrue
étant ainsi réglée entre les deux roues, on peut, dans le
travail, augmenter ou diminuer avec une grande précision
la largeur de la bande, en faisant varier la position du
crochet sur l'arc percé de trous qui est sur le devant.

Lorsqu'on veut adapter cet avant-train à la charrue, on
enfile dans les deux pitons que porte l'extrémité antérieure
de l'âge le goujon, c'est-à-dire, la barre ronde de fer qui
est attachée à l'avant-train, et l'on fixe au crochet placé
sous l'âge la chaîne de tirage de l'avant-train, en ayant
soin de n'éloigner celui-ci de la charrue qu'autant qu'il
est nécessaire pour que l'écrou mobile, qui unit le goujon
à la vis verticale de l'avant-train, n'opère pas de pression
contre l'âge lorsque les armons se relèvent comme cela a
lieu quand l'instrument est en fonction.

Cet avant-train donne beaucoup plus de facilité que tout
autre pour tourner à l'extrémité du billon ; mais on ne
doit pas abuser de cette facilité en tournant trop court, et
l'on doit mettre une grande attention à empêcher que l'âge
de la charrue ne vienne frotter contre une des deux roues,
ce qui arriverait si l'on tournait trop court ; car on risquerait ainsi de forcer le goujon.

Traineau. Pour conduire aux champs ou transporter d'un lieu à un autre les charrues simples, on se sert d'un petit traîneau (*fig.* 1) construit pour cet usage : on place la charrue debout sur le traîneau, en logeant le talon du sep entre les deux montants que porte la traverse postérieure, et en enfilant le plus long de ces deux montants dans le crampon en forme d'anneau placé sur le côté gauche de l'âge de la charrue. Le soc repose sur la traverse antérieure du traîneau. On fixe ensuite la chaîne de tirage de la charrue sur le crochet attaché au traîneau par une chaîne, en plaçant toujours la maille allongée de la chaîne dans un des crans du régulateur, que l'on abaisse autant que cela est nécessaire pour que le tirage s'opère convenablement, c'est-à-dire, sans faire effort sur le régulateur. La charrue est ainsi fixée très-solidement sur le traîneau, et peut être conduite dans les plus mauvais chemins, traverser les fossés, les rigoles, etc.

Lorsque la charrue est adaptée à l'avant-train, on la place de même sur le traîneau, en élevant suffisamment l'extrémité antérieure de l'âge, au moyen de l'écrou qui glisse sur la vis de l'avant-train ; et l'on fixe la chaîne de tirage au traîneau, au moyen du crochet que porte ce dernier.

LA CHARRUE LÉGÈRE.

En 1839, sur la demande d'un grand nombre de cultivateurs, M. de Dombasle se décida à faire construire une charrue des mêmes dimensions à peu près que son ancienne charrue moyenne à âge droit, qu'elle était appelée à remplacer. Ne la destinant qu'à des labours à raies peu larges et peu profondes, il ne la fit construire qu'à âge droit, parce que, comme il le dit dans la notice insérée dans les

6° et 7° éditions de son *Calendrier du Bon Cultivateur*, la forme cintrée de l'âge n'est utile que dans les labours profonds, pour prévenir l'engorgement en avant du coutre ou du corps de la charrue.

L'expérience de cinq années ayant fait reconnaître quelques imperfections dans cet instrument, les continuateurs industriels de M. de Dombasle se sont décidés à abandonner ce modèle, et à construire, en 1844, la charrue désignée dans le catalogue à la fin de ce volume, sous le nom de charrue légère à âge cintré.

Cette charrue, aussi élevée que la charrue moyenne, exécute parfaitement des labours de 15 à 20 centimètres (5 à 7 pouces) de profondeur, sur 22 à 28 centimètres (8 à 10 pouces) de largeur. Des études nouvelles et les soins apportés à sa construction ont assez bien réussi pour qu'on puisse affirmer qu'à travail égal et dans les limites d'un labour de six à sept pouces de profondeur, elle fait une aussi bonne culture et exige moins de tirage que la charrue moyenne. Elle peut, suivant l'état d'humidité du sol, porter à volonté un versoir en fonte ou un versoir en bois. Elle convient particulièrement aux contrées où l'attelage ordinaire se compose de deux ou trois bêtes de moyenne force. Elle est même assez solide pour résister à un plus fort attelage ; mais, dans ce cas qui suppose un labour plus large et plus profond, son travail ne serait pas toujours correct, parce que le soc deviendrait trop étroit, et ce serait une imprudence en même temps qu'une économie bien mal entendue, que de vouloir l'employer pour les cultures qui réclament une charrue grande ou moyenne.

On ne doit pas s'attendre non plus que même dans les circonstances où elle est le plus convenablement placée, la charrue légère fournisse un service aussi long que le ferait la charrue moyenne. La différence de poids d'une charrue comparativement à une autre charrue plus forte, résulte de deux causes principales : la grandeur ou le développement de surface des pièces, et leur épaisseur. Plus un avant-corps, ou un versoir, ou toute autre pièce de fonte aura d'épaisseur, plus il faudra de temps pour que le frottement de la terre use ces pièces ou les réduise à ce degré d'affaiblissement qui finit par amener leur rupture, lorsque vient à se produire un choc ou un effort inattendus. La diversité de nature du sol entre pour beaucoup dans la durée des instruments, mais, en principe général, l'instrument lourd, formé de pièces de fonte d'une épaisseur de 8 à 10 millimètres, durera bien plus longtemps que l'instrument léger dont l'épaisseur des pièces ne serait que de 6 à 8.

LA PETITE CHARRUE LÉGÈRE A UN CHEVAL.

Dans quelques contrées où les attelages sont faibles, et où à défaut de chemins, les instruments ont quelquefois besoin d'être transportés à dos, on fait des charrues qui coûtent peu, qui pèsent peu, mais qui font peu d'ouvrage, et ne donnent que des cultures très-imparfaites. Dans toutes les contrées, il se rencontre des cultivateurs qui n'ayant que de très-petites exploitations, ne sont pas assez forts en attelages pour employer la meilleure de toutes les charrues Dombasle, la charrue moyenne ; et dans la plupart des grandes exploitations, il est certaines terres qui, par leur nature, peuvent recevoir de bonnes cultures avec des instruments légers et faiblement attelés. C'est pour ces cas exceptionnels qu'a été faite, en 1846, la petite charrue légère à un cheval, et quatorze années d'épreuve ont constaté que, dans les limites de sa force et de ses dimensions, cette petite charrue est réellement un excellent instrument. Elle est plus haute que n'était l'ancienne charrue légère à âge droit, et convient parfaitement pour donner des labours de 11 à 14 centimètres (4 à 5 pouces) de profondeur; elle convient aussi, mieux que les charrues plus fortes, pour donner des labours de déchaumage, surtout lorsqu'on y adapte soit un avant-train Dombasle ordinaire, soit un petit avant-train, peu dispendieux, portant deux roues d'inégale hauteur, et donnant à la charrue une étonnante fixité. Pour concilier autant que possible dans cette petite charrue la force et la légèreté, l'avant-corps et le versoir n'y forment qu'une seule pièce, d'où il résulte qu'elle n'est pas susceptible de recevoir un versoir en bois.

Comme tous les instruments petits et légers, cette charrue est exposée à un imminent danger, celui qu'on lui demande plus qu'elle n'est destinée à faire, en l'employant pour des labours qui exigeraient une charrue de force supérieure. On ne saurait trop prémunir les cultivateurs contre cette tentation, qui les expose à briser des instruments, ou à ne faire qu'un mauvais travail. Celui qui donnerait à un cheval faible la charge de deux forts chevaux, ne commettrait pas une plus imprudente absurdité que celui qui veut faire un labour large et profond avec une charrue destinée à n'ouvrir qu'une raie étroite et de peu de profondeur. Dans une petite charrue aussi bien que dans une grande, tout est en proportion : l'âge, le coutre, le soc et le corps de la charrue : augmenter la force de l'une de ces pièces, comme on le fait quelquefois, est une faute grave : c'est détruire l'équilibre de l'instrument, et exposer les autres pièces à se briser. Si cette charrue est légère, ce n'est qu'à condition qu'on lui demandera des labours moins rudes que ceux pour lesquels sont faites les charrues plus fortes et plus lourdes, et c'est à condition aussi qu'on ne lui fera pas supporter le tirage d'un attelage destiné à une forte charrue. Quelque soigneusement que soit construite une charrue légère, il est impossible qu'elle présente autant de force et de solidité qu'une charrue lourde, également bien construite ; et l'on ne doit jamais oublier qu'*à travail égal*, une charrue, quelque légère qu'elle soit, demande la même force de tirage qu'une charrue plus lourde, et que, par exemple, si la charrue légère était capable de donner un labour de 7 pouces de profondeur sur 10 de largeur, elle exigerait la même force de tirage qu'une charrue plus forte n'ayant à faire que ce même labour : mais, ici, les chances des deux charrues ne seraient pas les mêmes : la charrue forte résisterait à des fatigues qu'elle est faite pour supporter, tandis que la petite charrue serait probablement brisée sous les efforts d'un tirage disproportionné avec la force des pièces qui la composent. On ne saurait trop répéter qu'entre des charrues de diverses forces et également bien construites, chacune a des limites qu'un laboureur prudent ne doit pas dépasser, et que si la petite charrue emploie moins de force de tirage, ce n'est pas parce qu'elle est la plus légère, mais c'est seulement parce qu'elle ouvre des raies moins larges et moins profondes ; et c'est à condition qu'elle aura ainsi moins d'efforts à supporter, qu'on a pu la faire plus légère.

CHARRUES RENFORCÉES.

Pour les besoins de quelques défrichements, ou pour des cultures dans des terres très-difficiles, on a établi des charrues cintrées, grandes ou moyennes, avec des coutres et des coutelières renforcées, et dont l'âge présente aussi plus de force dans la partie où est placée la coutelière. Ces coutres sont du poids de 5 à 6 kilogr. Ainsi disposées, ces charrues présentent une fort grande solidité.

CHARRUE RELEVÉE.

Pour donner de fortes cultures dans les terres où la couche arable est très-profonde, on a fait, en 1851, une modification à la grande charrue renforcée. Au lieu de la tête ordinaire qui unit l'avant-corps à l'âge, on y en a substitué une autre plus élevée de 6 centimètres. Cette disposition donne plus de hauteur à la charrue et la met à l'abri des engorgements qui souvent gênent le travail dans les cultures très-profondes. Cette charrue, à laquelle on a donné le nom de charrue *relevée*, porte les mêmes versoirs que la grande charrue et la charrue moyenne ; elle porte aussi le même sep et les mêmes socs. Au lieu d'un étançon en fonte, elle est munie d'un étançon en fer forgé. La substitution du fer à la fonte a été jugée nécessaire pour éviter les fractures auxquelles un si haut étançon en fonte aurait été exposé.

CHARRUE A GROS COUTRE ET A ÉTRIER AMÉRICAIN.

Afin de rendre moins dangereuses pour les charrues les

premières cultures après défrichements de forêts, on a appliqué, en 1857, aux grandes charrues renforcées une modification qui a présenté de très-satisfaisants résultats. Il est bien reconnu que de toutes les chances auxquelles peut être exposée une charrue, quelque forte qu'elle soit, il n'en est pas de plus terribles que celles qui la menacent lors d'un premier labour après un défrichement. Généralement l'arrachage des arbres qui couvraient le sol est fait avec une grande négligence, et presque toujours il reste, épars dans la région que doit traverser la charrue, quelques souches, quelques troncs, quelques racines traçantes dont le résultat infaillible est de briser l'instrument qui vient s'y heurter, surtout s'il est conduit par des chevaux. Pour atténuer ce danger, sous lequel ont succombé tant de charrues, il fallait trouver le moyen d'amortir le choc et de faire tomber cette résistance inattendue sur une pièce qui pût la supporter impunément. On y est parvenu par un moyen bien simple.

Jusqu'en 1857 les coutres renforcés des charrues Dombasle étaient tenus dans une coutelière en fonte où, glissant comme dans une sorte de rainure, ils étaient fixés par une vis en fer. Quoique forts, les coutres pliaient ou cassaient, la coutelière en fonte éclatait, lorsque venait à se produire inopinément une de ces résistances plus fortes que le coutre ou que la coutelière. Quelquefois l'effort se reportait sur l'âge et le brisait. Plus ordinairement c'était le corps de charrue qui succombait, et la fracture de l'avant-corps amenait celle de l'étançon. Aujourd'hui ces accidents peuvent être évités. Au coutre renforcé pesant 6 à 7 kilogr. a été substitué un coutre d'un poids plus que double et d'une force au moins quintuple. Au lieu de glisser dans une coutelière en fonte attachée à la charrue par quatre boulons, cet énorme coutre est appliqué et maintenu contre la face gauche de l'âge au moyen d'une bride ou collier en fer de forte dimension, entourant à la fois l'âge et le coutre, et les fortifiant l'un par l'autre : c'est ce collier qui est connu dans l'industrie agricole sous le nom d'étrier américain. Mais pour que ce système produise son effet préservateur, il est une dernière condition qui ne doit pas être négligée, puisque c'est sur son observation que repose toute la sécurité. Quelque fort que soit le coutre, quelque efficace que soit l'étrier, ils ne produiraient aucun effet si le coutre était tenu à la hauteur ordinaire : une souche ou une racine oubliées un peu profondément en terre, seraient rencontrées par le soc; le coutre passerait au-dessus; le soc recevrait le choc et le transmettrait directement au corps de charrue qui n'y résisterait pas. Il est donc de toute nécessité que, pour jouir du bénéfice de ce système, le coutre soit toujours tenu très-long et plonge dans la terre jusqu'à quelques centimètres plus bas que la pointe du soc. On comprend que dans cette position, il couvre, il protége la charrue et lui sert complétement de sauvegarde. En effet, le coutre reçoit le choc : trop fort pour plier ou pour se rompre, il prend son appui sur l'étrier qui lui-même ne peut céder sous cet effort : l'attelage s'arrête, et le corps de charrue n'ayant pas éprouvé le plus léger ébranlement, reste tranquillement en arrière, impassible témoin du choc que vient de recevoir le coutre. Mais, encore une fois, pour que les choses se passent ainsi, il faut absolument que le coutre soit tenu plus bas que le soc. Si on néglige cette précaution, il est tout à fait inutile d'employer la charrue à gros coutre. Si, au contraire, on tient la main à ce que cette condition soit toujours observée, on est dédommagé par une sécurité qui a bien son prix, et on peut, comme plusieurs correspondants de la fabrique de Nancy, se féliciter d'avoir rencontré enfin une charrue *incassable*.

Pour bien assurer la marche de cette charrue, on doit ne l'employer qu'avec l'avant-train. Elle peut être utilisée très-avantageusement dans certains travaux de terrassement.

SOCS RENFORCÉS, SOCS A POINTE, ETC.

Ainsi qu'on l'a dit à la page 718, les *grandes* charrues et les charrues *moyennes* portent les mêmes socs. Les meilleurs de tous les socs d'acier sont les socs ordinaires, sans aile ni pointe, du poids d'environ 3 1/2 kilog. (Voir le catalogue à la fin de ce volume.) On construit aussi pour les mêmes charrues des socs renforcés. Ces socs, pesant 4 à 5 kilo., n'ont d'autre avantage que de durer plus longtemps, par la raison que, présentant plus de matière, ils peuvent supporter de plus nombreux rebattages et fournir un plus long travail.

On construit aussi des socs à pointe et des socs à aile (voir les fig. 4 et 5). Les socs à pointe ne présentent guère qu'un seul avantage : celui de faire durer et de ménager le tranchant du soc. On peut dire aussi qu'ils pénètrent plus facilement dans les terrains rocailleux ; mais en portant la résistance en avant, ils augmentent sensiblement les efforts et par conséquent la fatigue de la charrue. La pointe a aussi l'inconvénient de s'user par dessous en chanfrein ou en biseau, et alors elle tend à faire sortir la charrue de terre. Dans certaines contrées où la pointe est généralement employée, elle est bien plus une habitude routinière que le résultat de saines observations.

L'aile n'est autre chose que le prolongement du tranchant du soc, ayant pour but de donner plus de largeur à la raie (au détriment du labour) et pour résultat d'augmenter sensiblement le tirage. C'est surtout pour la Lorraine, où les attelages sont communément de huit bons chevaux, que les socs à aile et à pointe ont été placés sur le catalogue de la fabrique de Nancy. M. de Dombasle ne les a jamais employés à Roville, et je croirais mal comprendre l'honneur de lui succéder si je cherchais à en étendre l'usage.

On m'a demandé quelquefois des socs de fonte à pointe. Deux raisons principales m'empêchent d'en livrer : 1° la fonte est une substance déjà assez fragile pour qu'on ne doive pas augmenter sans motifs sérieux ses chances de fracture ; 2° l'inconvénient signalé plus haut de la tendance à faire sortir la charrue de terre lorsque la pointe du soc est usée par dessous, serait beaucoup plus grave et même irrémédiable avec des socs en fonte qui ne peuvent pas, comme les socs en acier, être mis à la forge et rebattus.

LA CHARRUE TOURNE-OREILLE. (*Fig.* 9 *et* 10.)

Dans les plaines et partout où la surface du sol est peu accidentée, ou bien encore sur les pentes où la configuration des pièces de terre met le laboureur dans l'obligation de faire marcher les instruments de culture du bas en haut et du haut en bas, il est facile de faire un bon labour, puisqu'il suffit de se servir d'une bonne charrue. Mais dans les localités où les pièces de terre situées sur des pentes rapides demandent d'être cultivées non plus de bas en haut, mais transversalement, une grande difficulté se présente, devant laquelle ont échoué bien des tentatives. Une des conditions générales de toute bonne culture, c'est que la bande de terre soit bien tranchée et bien retournée. Or qu'arrive-t-il lorsqu'une bonne charrue ordinaire se trouve ainsi obligée de marcher sur une pente rapide en suivant une ligne horizontale ? Il arrive forcément que, lorsqu'elle parcourt sa ligne en ayant la pente de gauche à droite, la bande de terre est facilement renversée, puisque le travail de la charrue se borne à la trancher, la soulever et la laisser tomber de haut en bas. Mais au retour de la charrue, lorsque placée dans une position tout à fait inverse, elle doit, pour renverser la bande, la soulever et la jeter de bas en haut, la meilleure charrue munie du plus haut versoir y devient impuissante ; la terre soulevée mais non renversée, retombe confusément dans la raie après le passage de la charrue, et la surface du sol offre un aspect hérissé et irrégulier peu propice à la végétation des plantes. En semblables circonstances, il n'est qu'un moyen de donner à la terre une culture à peu près uniforme et régulière : c'est de renverser toujours la bande de terre de haut en bas.

On peut arriver à ce résultat de plusieurs manières. On peut n'employer qu'une seule charrue ordinaire, mais après chaque raie il faut la ramener *à vide* sur un traîneau, et c'est beaucoup de temps perdu. On peut employer deux charrues, l'une versant à droite, l'autre versant à gauche. Chaque fois qu'on arrive au bout du champ, on dételle l'attelage pour le faire passer alternativement d'une charrue à l'autre, et un cheval conduit par un enfant ramène tour à tour sur un traîneau la charrue qui vient de faire sa raie. Plusieurs fois on imagina de construire des charrues à deux corps, soit superposés, soit adossés. Deux corps de charrues plantés l'un au-dessus de l'autre et ayant un seul âge commun pour les deux, sont sans contredit la combinaison la plus ingénieuse pour obtenir théoriquement un bon travail. En effet, ces deux corps de charrue, tout à fait isolés l'un de l'autre, n'ont besoin de se faire aucune concession et conservent toutes les conditions qui constituent une bonne charrue. Mais, dans la pratique, un tel instrument a un grand défaut : c'est qu'il est assommant pour l'homme qui le dirige et qui souvent fait d'impuissants efforts pour le maintenir d'aplomb. Deux corps de charrue adossés ont l'inconvénient de nécessiter un trop long frottement sur le fond de la raie, puisque les deux seps des deux charrues ne peuvent être que le prolongement l'un de l'autre.

M. de Dombasle avait à Roville quelques pièces de terre sur lesquelles il a employé ces divers systèmes, d'abord avec une seule charrue ; puis avec deux, l'une versant à droite, l'autre versant à gauche ; puis avec une charrue jumelle, à deux corps superposés ; puis enfin avec une charrue dos à dos ou tricorne, construite d'après les idées de M. de Valcourt, mises en pratique d'abord à Grignon. Plus tard, M. de Dombasle fit, pour la culture des mornes de la Martinique, une charrue lourde et matérielle dont l'emploi ne s'est pas soutenu. Elle portait un large sep terminé par un soc en fer de lance, un coutre mobile et un versoir en bois presque plat et s'accrochant alternativement d'un côté ou de l'autre d'un avant-corps étroit par en bas et large par le haut.

Dans diverses contrées de la France, et particulièrement dans la Picardie, l'usage de labourer à plat et de faire travailler la charrue toujours dans la même raie, pour jeter constamment la terre du même côté, a donné naissance à plusieurs instruments de ce genre : mais ces charrues, suffisantes pour des terres faciles, ne résisteraient pas longtemps aux difficultés que présentent des coteaux abruptes et pierreux.

Les choses en étaient là lorsque, vers 1846, la fabrique de Nancy reçut, d'un de ses correspondants de la Martinique, les débris d'une charrue tourne-oreille, n'ayant aucune analogie avec les essais faits en France jusqu'à ce jour. Ces débris furent complétés, remontés, et donnèrent naissance à la charrue que nous livrons encore aujourd'hui et dont la figure 9, à la fin de ce volume, présentera une idée plus exacte qu'il ne serait possible de la donner dans une longue description. Je dirai seulement qu'elle se compose, comme toutes les charrues, d'un âge en bois portant en avant un régulateur, en arrière des mancherons, et soutenant au milieu un bâti fixe en fonte, assemblé très-solidement avec l'âge. Ce bâti fait l'office d'étançons et de sep, et il supporte, sur les deux points extrêmes de sa partie inférieure, une pièce en fonte de forme bizarre, qui par suite de sa mobilité vient s'appliquer latéralement soit à droite soit à gauche, en passant par dessous le bâti auquel elle est en quelque sorte suspendue. Sur cette pièce, qui représente l'avant-corps et le versoir d'une charrue, est fixé par deux boulons un soc à deux tranchants dont alternativement l'un coupe et soulève la terre au fond de la raie; tandis que l'autre la tranche latéralement comme ferait un coutre. En somme, cette charrue faite pour donner des cultures de 15 à 20 centimètres de profondeur, est très-solide, d'une conduite facile et a satisfait, sans exception, tous ceux qui en ont fait l'essai.

Depuis 1850 jusqu'à la fin de 1859, il est sorti de la fabrique de Nancy 347 charrues tourne-oreille, ainsi réparties : Martinique et Guadeloupe, 287 ; France, 53 ; pays étrangers, 7. Comme preuve de la confiance qu'elle inspire, on peut ajouter qu'elle a été imitée, plus ou moins fidèlement, tant en France qu'à l'étranger, et dans plusieurs grandes expositions on en a vu figurer des copies dont la fabrique de Nancy rejette toute responsabilité, parce qu'il en est qui, par la négligence de leur exécution, dépassent réellement les bornes de la liberté d'imitation.

Cette charrue peut se passer de coutre, parce que le soc est disposé de façon à trancher à la fois la terre au fond de la raie et latéralement. Toutes les charrues de ce système envoyées aux Antilles sont sans coutre ; mais il n'est pas moins vrai que lorsqu'on ajoute un coutre à cette charrue, son travail est plus net et plus beau. La culture ne vaut pas mieux, mais l'œil est plus satisfait. Sur les 347 charrues dénombrées ci-dessus, il n'en est que 6 qui aient été accompagnées d'un coutre, ce qui prouve qu'il n'est pas d'une bien impérieuse nécessité. Il serait probablement plus répandu s'il était moins cher : mais c'est une pièce qui demande une telle précision d'exécution, qu'elle ne peut être faite et entretenue que par de bons ouvriers, ce qui élève forcément son prix. Ce coutre, avec ses accessoires, pèse 6 à 7 kil. et se vend 18 francs.

La charrue tourne-oreille peut être construite pour marcher avec un avant-train ; mais dans la plupart des circonstances où il est avantageux d'employer cette charrue, l'avant-train serait gênant. C'est par cette raison qu'elle porte, en avant du soc, une roulette dont la tige s'engage dans une mortaise pratiquée dans la partie antérieure de l'âge et y est fixée par un boulon à la hauteur nécessaire. La roulette est très-commode pour servir de point d'appui lorsqu'on soulève l'arrière de la charrue, afin de faire passer d'un côté à l'autre la portion mobile du bâti. C'est un mouvement auquel on s'habitue promptement, parce qu'il demande plus d'agilité que de force réelle.

Quelques cultivateurs en ayant fait l'essai dans des labours en plaine, en ont été aussi satisfaits que dans des labours de coteaux. Quand il serait vrai que la charrue tourne-oreille puisse donner en toutes circonstances une bonne culture, ce ne serait pas moins une faute que de l'adopter comme charrue unique et de s'en servir dans les pièces de terre qui peuvent être cultivées par la charrue ordinaire. Quelque satisfaisant que soit le travail de la charrue tourne-oreille, il est peu probable qu'il égale le travail de la charrue moyenne, et impossible qu'il vaille mieux. Or, l'instrument coûte plus cher et son entretien est plus dispendieux, parce que son soc, qui s'use à la fois sur ses deux tranchants, est difficile à forger, plus difficile à rebattre et coûte le double d'un soc de charrue ordinaire. Si, pour obtenir de cette charrue une culture aussi belle qu'elle puisse la donner, on voulait l'employer avec le coutre, l'excédant du prix de revient de son travail ressortirait mieux encore. C'est donc tout à fait contre le gré de ceux qui la fabriquent et la vendent, qu'on emploierait cette charrue dans des circonstances où une bonne charrue ordinaire ferait un aussi bon et même un meilleur travail.

LA CHARRUE SOUS-SOL, OU CHARRUE DE DÉFONCEMENT ET D'ASSAINISSEMENT. (*Fig.* 6.)

Depuis que l'esprit d'observation a commencé d'exercer

un peu d'influence sur les travaux agricoles, depuis surtout que la propagation des bonnes charrues a mis en évidence l'avantage des labours profonds, on remarque, dans la plupart des contrées de la France, une tendance à donner aux cultures bien plus de profondeur qu'on ne leur en donnait autrefois. Quelquefois on exécute dispendieusement des défoncements à bras d'hommes. Malgré son haut prix, c'est une bonne opération ; mais elle n'est pas praticable pour la grande culture : à celle-ci, il faut des instruments qui puissent être dirigés par un homme et traînés par des bêtes de trait. On a demandé quelquefois à la fabrique de Nancy des charrues capables de donner des labours de 50 à 60 centimètres de profondeur. C'est là une illusion : chaque chose a ses limites qu'il n'est point donné à l'homme de dépasser, et lorsqu'une charrue fait un labour régulier de 26 à 28 centimètres de profondeur, c'est à peu près le maximum de puissance qu'on peut attendre d'un semblable instrument. Dans des terres fortes, ce travail nécessiterait souvent six et même huit forts chevaux, et tout le monde comprendra qu'à moins de construire des charrues tout en fer forgé, ce qui serait énormément cher, il est peu prudent d'espérer qu'une charrue en fonte résiste longtemps à de tels efforts. C'est donc à l'aide d'un second instrument qu'on peut parvenir à augmenter la profondeur du sillon ouvert par la première charrue. Quelquefois on se sert, pour arriver à ce résultat, d'une seconde charrue enlevant du fond de la raie ouverte par la première, autant de terre qu'elle en peut prendre, et déposant cette terre vierge et souvent infertile par dessus la terre versée par la première charrue. La charrue Bonnet, qui se fabrique dans le département des Bouches-du-Rhône, produit, dit-on, très-bien ce résultat.

La charrue sous-sol a un autre but. Elle passe dans la raie ouverte par une bonne et grande charrue ordinaire, mais au lieu d'enlever la terre du fond de la raie, elle l'entame, elle la brise et la laisse en place, en la faisant *foisonner* au point que la raie ouverte devant elle se trouve presque remplie et comblée lorsqu'elle a passé, par le seul fait de l'augmentation de volume que prend la terre durcie et tassée, lorsqu'elle a été soulevée et pulvérisée par le passage du soc et du sep de la charrue sous-sol. Cette terre vierge est recouverte par le renversement de la bande suivante retournée par la charrue ordinaire, et lorsqu'un billon a été ainsi traité, il prend une élévation sensible au-dessus de ceux qui n'ont reçu qu'un seul et bon labour. Le résultat de l'opération est donc d'augmenter la couche de terre meuble, tout en laissant à la partie supérieure la terre fertile dans laquelle les plantes non pivotantes doivent germer et développer leurs racines : quant aux plantes pivotantes, il est hors de doute que leur végétation ne peut qu'être favorisée par la facilité de lancer leur pivot plus profondément qu'elles ne l'auraient fait à la suite d'un labour moins profond.

Cette charrue, ainsi qu'on peut le voir fig. 6, ne porte pas de versoir, et c'est pour cette raison qu'elle n'exige pas un tirage aussi fort qu'il le semblerait d'abord. Le corps de la charrue construit entièrement en fer et en acier, ne se compose que d'un soc en fer de lance et d'un sep de forme cylindrique, solidement attachés à l'âge par deux étançons en fer, dont celui de devant remplit l'office de coutre. Elle porte, à la partie antérieure de l'âge, une tige mobile terminée par une roulette, dont le but principal est de lui servir momentanément d'appui, afin de l'empêcher d'entrer trop bas, lorsque, par quelque accident du terrain, le soc pourrait avoir propension à piquer trop profondément en terre. Du reste, la profondeur du travail qu'on veut en obtenir se règle aisément au moyen du régulateur. Elle peut facilement entamer une couche de terre de 30 centimètres; ainsi, lorsqu'elle marche à la suite d'une bonne charrue qui a ouvert une raie de 26 à 28 centimètres de profondeur, il en résulte pour le terrain une culture de défoncement de près de 60 centimètres. Il n'est pas besoin de dire qu'elle ne peut fonctionner que dans des sols profonds et dépourvus de roches; et c'est surtout dans les terrains à sous-sol imperméable, froids, humides et parcourus par des infiltrations d'eaux souterraines, qu'elle produit l'effet le plus sensible, en permettant à l'eau de s'insinuer au-dessous des racines, au lieu de rester stagnante dans la couche du sol occupée par la végétation des plantes. Dans les terrains secs et sablonneux et dans les saisons brûlantes, ce défoncement est également favorable à la végétation, en conservant la fraîcheur dans un sol profondément ameubli.

On sait qu'il est presque partout des prés qui ne donnent qu'un foin plat et peu nourrissant, parce que la couche de gazon qui forme la prairie végète dans une terre constamment abreuvée par des infiltrations d'eau qui ne permettent pas aux bonnes essences de prospérer dans ce sol froid et humide. Dans des prairies de cette nature, on obtient de très-bons résultats par l'établissement de saignées couvertes, dont l'effet est presque toujours de changer et d'améliorer l'essence de l'herbe, même sans recourir au procédé qui vaudrait mieux, de rompre la vieille prairie après l'avoir assainie, et de la ressemer en graminées bien appropriées à la nature du sol. Mais l'établissement de saignées couvertes ne laisse pas que d'être une opération un peu dispendieuse, bonne pour un propriétaire, mais dont, pour cette raison même, peu de fermiers se décideront à faire les frais. Dans les prairies de cette nature, la charrue sous-sol peut produire, à très-peu de frais, un excellent résultat, en remplissant l'office de charrue d'assainissement, ou, comme on l'a dit quelquefois, de charrue-taupe. En effet, elle pratique, à 25 ou 30 centimètres de profondeur, des boyaux ou conduits souterrains qui soutirent l'eau des parties voisines et produisent ainsi l'assainissement du sol. Il n'est pas besoin de dire qu'en employant ainsi cette charrue, on doit toujours lui faire suivre la pente naturelle de la prairie, et donner issue à ces conduits dans un fossé situé à la partie la plus basse : on comprend bien aussi que ces conduits doivent être plus ou moins rapprochés, suivant la nature du sol et l'abondance des eaux que l'on veut évacuer. Sans doute cette opération ne produira pas son effet pour un temps aussi long que le feraient des saignées couvertes ou bien un drainage (page 342); mais elle est prompte, elle est peu dispendieuse, et alors même qu'on devrait la recommencer tous les ans, ce ne serait pas une raison pour ne pas profiter des bénéfices qui doivent en être le résultat.

Lorsqu'on emploie la charrue sous-sol dans une prairie, on peut la faire marcher avec la roulette comme dans les terres ; mais sa marche est plus assurée quand on lui donne pour appui un avant-train Dombasle, et c'est pour cela qu'elle porte deux pitons comme les charrues ordinaires.

LA CHARRUE A DEUX VERSOIRS OU BUTTOIR ET LE RABOT DE RAIES (*fig*. 7 *et* 8).

Cet instrument porte deux versoirs qui peuvent s'approcher ou s'écarter à volonté, selon l'exigence des cas ; il jette donc à droite et à gauche la terre soulevée par le soc. On l'emploie soit pour curer, après les semailles, les raies qui séparent les billons, soit pour faire des rigoles transversales nécessaires pour l'écoulement des eaux, toutes les fois que la pente du terrain n'est pas uniforme dans le sens des billons.

Le même instrument sert aussi à butter les pommes de terre, le maïs ou autres récoltes qui peuvent en avoir besoin. Comme il convient ordinairement d'opérer le buttage en deux fois, à huit ou quinze jours d'intervalle, on écarte davantage les versoirs pour la première fois, en ne faisant prendre au soc que 8 à 11 centimètres (3 à 4 pouces) de profondeur, et, pour la seconde opération, on resserre un peu les versoirs, ce qui permet de prendre 6 ou 8 centimètres (2 ou 3 pouces) de profondeur de plus. Cet instrument peut fonctionner avec ou sans avant train ; mais, lorsqu'on l'emploie pour le buttage, l'avant-train serait nuisible aux plantes et fort incommode.

Le *rabot de raies* est une sorte de châssis ou d'assemblage en bois, destiné, ainsi que son nom l'indique, à aplanir les arêtes que la charrue à deux versoirs laisse toujours après elle, en rejetant la terre des deux côtés de la raie. Cet effet est produit par les deux grands côtés de l'instrument, qui se prolongent en s'écartant en lignes courbes, et glissent sur les ados en les aplanissant. Ces deux grands côtés ou *ailes* sont réunis et consolidés par plusieurs traverses dont celle qui forme la partie antérieure de l'instrument est armée de deux crochets, d'où partent deux chaînes qui réunissent le rabot au buttoir, en s'attachant à deux autres crochets placés en dedans de la partie postérieure des versoirs. Ces deux chaînes, dont la longueur varie suivant la profondeur de la raie et suivant que les versoirs sont plus ou moins ouverts, doivent en général être tenues le plus courtes possible, afin que le devant plonge dans la raie et agisse un peu énergiquement sur les arêtes de la terre. Pour que le rabot de raies fonctionne bien, il faut donc régler avec adresse la longueur de ces chaînes; car, lorsqu'elles sont trop longues ou trop courtes, les deux ailes ne fonctionnent pas également dans toute leur longueur, comme elles doivent le faire. Après avoir attaché le rabot, le laboureur qui conduit le buttoir marche entre les deux ailes, en tenant, comme à l'ordinaire, les mancherons du buttoir. C'est surtout au travail des raies qui séparent les billons ou planches que cet instrument est applicable, aussitôt après la semaille. Le terrain est ainsi parfaitement aplani des deux côtés de la raie, et forme sur les bords des billons des plans inclinés qui facilitent l'écoulement de l'eau des pluies. Pour quiconque est sensible aux charmes d'une belle culture, c'est un bien bel aspect que celui que présente, après les semailles, une grande pièce de terre, divisée régulièrement en larges planches légèrement endossées et nettement limitées par des raies d'écoulement bien droites, ouvertes par le buttoir et polies par le rabot de raies.

LA HERSE (*fig.* 14).

Après la charrue, la herse est, sans aucun doute, le plus utile des instruments de culture. Pour qu'une herse agisse efficacement, il faut qu'elle ait un certain poids et que les dents soient disposées de manière à se répartir à intervalles égaux sur toute la surface du terrain qu'occupe l'instrument. Des herses à dents de fer sont nécessaires dans le plus grand nombre des cas, pour agir avec quelque énergie : cependant il est quelques circonstances où des herses à dents de bois sont suffisantes.

Les herses à losange, dites *herses-Valcourt*, sont celles qui exécutent le travail le plus parfait, pourvu qu'on les attelle bien. La volée ou le palonnier doivent s'accrocher, non pas au milieu de la chaîne de la herse, mais près d'un des deux angles, et toujours du côté de l'angle obtus, comme on le voit dans la figure 14. De cette manière, chaque *patin* se trouve placé, dans le travail, sur une ligne parallèle à celle de la direction de l'instrument. Si l'on accrochait le palonnier à tout autre point de la chaîne, ou si l'on voulait supprimer cette dernière pour attacher directement la chaîne de tirage sur un point quelconque de la herse, celle-ci fonctionnerait fort mal.

Les dents étant implantées dans le bois non pas perpendiculairement, mais suivant une ligne modérément inclinée dans le sens de la marche de l'instrument, on peut faire fonctionner la herse en *accrochant*, c'est-à-dire, en faisant marcher les pointes des dents en avant, en sorte qu'elles accrochent les gazons ou les mottes, ou en *décrochant*, c'est-à-dire, en tournant les pointes des dents en arrière. Chacun de ces modes d'emploi convient dans certains cas que l'habitude a bientôt fait reconnaître. C'est pour laisser cette facilité que les herses portent un crochet à chacun de leurs angles. C'est pour cela aussi que l'on ne fixe point à demeure la chaîne à la herse, en sorte qu'on peut la placer d'un côté ou de l'autre.

On fait, à la fabrique de Nancy, des herses de deux

sortes : la herse à deux bêtes, et la herse légère pour un seul cheval. Ces deux herses ont même forme et mêmes dimensions, occupent la même surface, et portent chacune 24 dents traçant sur le sol 24 petits sillons parallèles espacés de 53 mil., ou embrassant une largeur totale d'environ 1 m. 25 c.; et pourtant il y a entre ces deux herses une grande différence, et c'est une grave erreur que de croire qu'en attelant deux chevaux à la herse légère, et quelquefois en la chargeant d'un poids supplémentaire, on puisse en obtenir le même travail que de la herse à deux bêtes. Celle-ci pèse 61 kilog.; l'autre n'en pèse que 36 : cette différence de poids indique clairement que, dans toutes les parties qui la composent, la herse à deux bêtes est beaucoup plus forte que la herse à un cheval. Il devrait donc être superflu de dire que la herse à deux chevaux, dont la saillie des dents est de 19 centimètres, convient pour les hersages énergiques donnés sur des cultures grossières ou dans des terres pierreuses; c'est elle aussi qui, dans la plupart des circonstances, doit être employée pour herser les blés au printemps; tandis que la herse à un cheval, dont les dents n'ont que 16 centimètres en dehors du bois, est faite pour les hersages légers, sur des terres douces et bien préparées par les cultures antérieures. Malheureusement la plupart des cultivateurs n'ont pas la véritable intelligence de leurs vrais intérêts dans l'emploi des instruments.

Séduits par une légère économie dans le prix d'acquisition, ils demandent à une petite charrue des labours profonds, et ils condamnent une herse faible et légère à faire d'inutiles efforts sur des terres grossières, ou à se heurter contre des pierres qui lui permettent à peine d'atteindre la couche superficielle du sol. Sous ces rudes épreuves pour lesquelles elles ne sont pas faites, la charrue se brise, la herse se disloque, et on s'en prend aux instruments, tandis que la faute en est tout entière à ceux qui ne savent ni les choisir ni les bien employer.

On ne saurait donc trop bien prémunir les cultivateurs contre la tentation de se servir d'une herse faible et légère, là où ce ne serait pas trop d'une herse forte et lourde. Pour qu'un hersage soit bon, pour qu'il produise son effet, il faut presque toujours qu'il soit énergique, et cet effet ne peut être obtenu que par l'emploi d'une herse qui réunisse à la fois le poids et la force nécessaires pour dompter les difficultés qu'elle rencontre dans un sol rude ou pierreux. Comme tous les instruments légers et par conséquent faibles, la herse à un cheval fait un très-bon service lorsqu'on l'emploie à propos : mais si on lui demande plus qu'elle ne peut faire, on l'use promptement, et souvent on la brise, tout en ne faisant qu'un mauvais travail.

Lorsque la charrue et la herse formaient à peu près tout l'attirail agricole d'un cultivateur, les herses très-fortes et très-lourdes présentaient une importance qu'elles n'ont plus aujourd'hui. Depuis que le travail pour lequel elles étaient utiles est fait d'une manière plus parfaite par des instruments tels que le scarificateur ou autres analogues, le rôle de la herse s'est resserré, son emploi est devenu moins fréquent, on a abandonné tout à fait les énormes herses destinées autrefois au tirage de quatre bêtes, et la herse est devenue pour la grande culture à peu près ce qu'est le râteau dans la culture des jardins. En employant à propos des herses comme celles que livre la fabrique de Nancy, on peut en obtenir d'excellents résultats; mais c'est une économie très-mal entendue que de les placer dans des circonstances où ce ne serait pas trop de la force du scarificateur.

Pendant longtemps, à la fabrique de Nancy, comme précédemment à celle de Roville, les dents des herses ont été plantées dans les limons assez solidement pour ne jamais tomber dans le travail. Mais il en résultait un inconvénient : c'est que chassées dans le bois à coups de masse et incrustées en quelque sorte par les bavures ou hachures relevées sur les quatre angles, il était très-difficile de les faire sortir sans briser le bois. Quelquefois on a fait des herses dont les dents étaient serrées par des écrous ; mais ces herses étaient chères et lourdes, parce qu'il fallait que, pour supporter par dessous l'effort de l'épaulement de la dent et, par dessus, celui de l'écrou, les limons fussent garnis de deux bandes de fer. Vers 1855 on a eu l'idée de fixer chaque dent de la herse par un boulon qui traverse à la fois le limon et la dent, et est serré latéralement par un écrou. Ce mode donne une très-grande facilité pour démonter et replacer les dents lorsque le besoin s'en présente, et il offre aussi un autre avantage fort appréciable : c'est que ces six boulons traversant chaque limon, le compriment, le renforcent et rendent impossible les gerçures qui, dans l'ancien système de monture, faisaient quelquefois périr un limon lorsque les dents avaient été chassées dans le bois un peu brutalement, ou bien lorsque, dans le travail, elles venaient à exercer sur le limon un effort latéral. Cette innovation dans le posage des dents a été accueillie avec d'autant plus de faveur qu'elle n'a pas augmenté le prix des herses, bien qu'elle nécessite une notable augmentation de travail et la fourniture de 24 boulons.

Pour transporter les herses d'un lieu à l'autre, on les

retourne sur le dos, c'est-à-dire, sur les *patins*, pour celles qui en portent. On doit alors atteler de manière que les patins cheminent parallèlement à la ligne de tirage, de même que les semelles d'un traîneau. Aux herses légères, on ne met pas ordinairement de patins, de crainte de les rendre trop lourdes, et la herse renversée glisse sur les limons. Mieux vaudrait la conduire sur un traîneau fait exprès, le traîneau des charrues n'offrant pas une base suffisante pour une herse.

Vers 1858, la fabrique de Nancy a commencé de livrer concurremment des herses à dents de fer et des herses à dents aciérées. Ces dernières se vendent 5 fr. de plus que celles à dents de fer : mais elles offrent une telle supériorité de durée, que ce serait agir dans l'intérêt des cultivateurs que de refuser dorénavant de leur livrer d'autres herses que des herses à dents aciérées.

L'EXTIRPATEUR.

L'extirpateur ne figure plus sur le catalogue de la fabrique de Nancy. C'est un instrument qui a fait son temps, et qui se trouve aujourd'hui remplacé et dépassé par le *scarificateur*. Mais en considération des services qu'il a rendus et du rôle important qu'il a joué dans la rénovation agricole qui s'est opérée depuis une cinquantaine d'années, ce n'est que justice de consacrer ici quelques lignes à la mémoire de ce doyen des instruments perfectionnés.

Pendant bien des siècles, la charrue et la herse composèrent tout le matériel agricole. N'ayant à subvenir qu'aux besoins d'une population peu nombreuse, on n'éprouvait pas la nécessité d'amener la terre à toute la fertilité dont elle est susceptible. Mais à une époque récente, l'accroissement de la consommation stimula une plus grande production ; le progrès agricole prit un essor qu'il soutient encore aujourd'hui, et ce fut alors que l'on vit apparaître quelques instruments nouveaux qu'on décora du titre d'instruments perfectionnés. Parmi eux, l'extirpateur fut le premier par lequel M. de Dombasle donna le signal de la révolution dans les pratiques agricoles à laquelle il consacra la seconde moitié de sa vie. Il employa d'abord l'extirpateur de M. de Fellenberg. On peut voir, dans les *Annales de Roville*, que pendant une vingtaine d'années cet instrument fut l'objet de ses méditations et reçut quelques améliorations, mais jamais d'assez complètes pour qu'il n'ait pas dû disparaître devant le scarificateur.

Voici la définition que M. de Dombasle a donnée de l'extirpateur ; elle mérite d'être conservée parce qu'elle pose bien nettement les conditions du travail exécuté par ce groupe d'instruments auxquels on a donné divers noms, et dont le point de départ est l'extirpateur de M. de Fellenberg.

« On donne le nom d'*extirpateur* à des instruments
» qui portent plusieurs socs ou pieds, ordinairement trian-
» gulaires et tranchants, plats, mais plus ou moins bom-
» bés, qui tranchent entre deux terres toutes les plantes
» qui peuvent végéter sur le sol, en donnant à toute la
» terre de la surface un léger mouvement, mais sans la
» retourner comme ferait la charrue. Ces instruments
» sont destinés à couvrir les semences, dans les sols déjà
» trop repris pour que la herse y exerce bien son action,
» et aussi à donner, à 8 à 11 centim. (3 ou 4 pouces) de
» profondeur, une culture qui remplace dans un grand
» nombre de cas le travail de la charrue. Comme l'extir-

» pateur prend ordinairement une largeur de 1 mètre à
» 1,33 (3 à 4 pieds), il est beaucoup plus expéditif que la
« charrue, et son travail est moins coûteux... »

Manquant de point d'appui en arrière, n'étant soutenu que par le contact que ses pieds exerçaient sur le sol, l'extirpateur était exposé au très-grand inconvénient de ne faire qu'un travail inégal et irrégulier. Tantôt il plongeait dans la terre lorsqu'elle était trop meuble, tantôt il glissait sur le sol lorsqu'il était un peu durci. Ne pouvant être réglé que par le devant, ses pieds tour à tour s'enfonçaient ou bien traînaient sur le talon. Du jour où les pieds de l'extirpateur ont pu être placés sur le cadre du scarificateur, le premier instrument est devenu inutile, et le règne du scarificateur a commencé et durera probablement fort longtemps.

LE SCARIFICATEUR (*fig.* 11, 12 *et* 13).

Si la perfection pouvait être atteinte par les ouvrages des hommes, on pourrait presque dire que le scarificateur tel que le livre aujourd'hui la fabrique de Nancy, est un instrument parfait. Sans élever si haut son éloge, disons seulement que le scarificateur de 1855 est un très-bon et très-bel instrument qui, depuis cinq ans, a satisfait tous ceux qui en ont fait usage et semble ne plus rien laisser à désirer aux praticiens les plus exigeants. Probablement une plus longue expérimentation provoquera à lui faire encore quelques modifications, mais ce ne seront que des améliorations de détail; l'ensemble et l'idée générale de l'instrument paraissent fixés pour bien longtemps. Pour prouver dès ce moment combien il a été pris au sérieux et apprécié par les meilleurs juges en fait d'instruments, c'est-à-dire, par les vrais cultivateurs, il suffira de constater que sur 186 scarificateurs de ce système, sortis de la fabrique de Nancy dans les cinq dernières années, 91 ont été achetés par des cultivateurs d'un seul département, celui de la Meurthe ; et ce chiffre serait bien plus élevé si, dès avant l'apparition du modèle de 1855, un nombre au moins égal de scarificateurs des précédents systèmes n'eût été déjà répandu dans ce même département. Ces chiffres s'appliquant à un instrument d'un prix élevé, dispensent d'en faire un plus long éloge ; mieux vaut exposer rapidement les trois phases bien distinctes par lesquelles il a passé pour arriver à ce qu'il est aujourd'hui. L'histoire des 25 premières années d'un instrument de cette importance offre bien quelque intérêt, puisqu'elle reflète et résume le développement d'une idée et l'extension réelle du progrès.

Le scarificateur est bien véritablement un instrument lorrain. Il a pris naissance à Roville, en 1835. Sa première période, qu'on peut appeler période d'essai ou d'observation, fut longue et dura jusqu'à 1852. La seconde, la période de perfectionnement, fut courte, puisqu'elle finit en 1855. En cette dernière année s'ouvrit la troisième phase, celle du véritable succès et de la propagation, à laquelle il est difficile d'assigner un terme. On pourrait aussi l'appeler période d'imitation, car déjà ont apparu quelques copies plus ou moins fidèles, plus ou moins intelligentes du scarificateur de 1855. Pour compléter cet exposé rapide, rappelons ce qu'a été cet instrument dans chacune de ces phases.

En 1835, M. de Dombasle eut principalement pour but de faire un instrument qui, par la forme de ses pieds, pût donner une bonne culture plus promptement que la charrue, plus profondément et plus énergiquement que

la herse ou l'extirpateur. Pour certaines opérations, par
exemple pour enfouir les semences de céréales à l'au-
tomne ou au printemps, on employa concurremment à
Roville pendant sept ans encore, jusqu'à la fin du bail,
l'extirpateur et le scarificateur, sans qu'il ait jamais été
possible de discerner lequel des deux s'acquittait le mieux
de cette importante fonction. Dès les premières années
commença de se faire remarquer la facilité de règlement
et de manœuvre que donnait au scarificateur la présence
de ses roues en arrière ; mais en même temps un grave
inconvénient se fit sentir : c'était la nécessité où se trouvait le laboureur de soulever par la force des bras le cadre
de l'instrument et de le soutenir ainsi hors de terre, chaque fois qu'il fallait tourner pour changer de direction.
Ce moment d'effort qui se renouvelait bien souvent dans
le cours d'une journée, contraignait de ne confier la conduite du scarificateur qu'à des hommes de première force
et de grande taille, robustes et ardents au travail. Ce fut
pour alléger cette fatigue et rendre plus accessible à tous
l'emploi d'un bon instrument, que dans cette période on
construisit des scarificateurs à 7 et même à 5 pieds. Ce
fut aussi vers la même époque que quelques constructeurs cherchèrent à faire disparaître cette nécessité d'un
pénible effort en adaptant aux roues un essieu coudé mis
en mouvement par divers moyens insuffisants et inefficaces.
L'idée était bonne, mais la solution resta incomplète et ne
fut étudiée qu'en 1852, à la fabrique de Nancy. En cette
année apparut le scarificateur tel qu'il est figuré sous les
n° 11, 12 et 13, planche 2, à la fin de ce volume.

Ce qui caractérisa cette révolution bienfaisante du scarificateur en 1852, ce fut l'application d'un levier ou bascule, ayant pour effet de produire le soulèvement des

pieds hors de terre, sans nécessiter le déploiement de force musculaire qu'exigeait le même acte avec le scarificateur précédent. De ce jour, cet instrument reçut en quelque sorte un baptême démocratique ; au lieu de rester à l'usage exclusif des hommes forts et robustes, il devint accessible à tous, aux faibles comme aux forts, aux vieux comme à ceux qui sont dans la vigueur de l'âge : de ce jour aussi son succès fut assuré, et malgré qu'il en coutât fort cher pour appliquer au scarificateur primitif les modifications de 1852, on vit affluer à la fabrique de Nancy, pendant les premières années, les scarificateurs anciens pour y être convertis en scarificateurs nouveaux. Ce levier offre un double avantage. Lorsqu'il est relevé, le cadre jouit de toute sa mobilité, et les pieds entrent en terre de toute la profondeur pour laquelle on a réglé l'instrument, profondeur qui peut atteindre une couche de 12 centimètres du terrain repris et durci. Lorsque le levier est baissé, le cadre est soulevé et par conséquent les pieds sont hors de terre et restent dans cette position, sans qu'il soit besoin d'exercer aucune pression sur le levier, jusqu'au moment où l'on juge à propos de le relever pour que les pieds redescendent sur le sol.

Le règlement ou la profondeur de la culture se donne pour le devant au moyen de la vis de l'avant-train qui abaisse ou élève plus ou moins la portion antérieure de l'âge et pour le derrière, au moyen des deux vis placées de chaque côté du conducteur et prenant leur appui sur les deux branches coudées formant essieu.

Dans le scarificateur de 1852, les deux roues de derrière furent disposées plus commodément qu'elles ne l'avaient été jusque-là. Primitivement, placées de chaque côté et en dehors du cadre dans sa partie la plus large, elles augmentaient démesurément la largeur de l'instrument et rendaient sa marche incommode, soit pour passer dans des portes, soit pour circuler sur des chemins étroits, ou le long de plantations, etc. Aujourd'hui le scarificateur est réduit à la stricte largeur nécessitée par l'espacement de ses pieds, et on peut étendre la culture donnée par lui jusqu'à la limite extrême d'une pièce de terre, sans être obligé de faire marcher une roue sur le terrain du voisin, ou de laisser inculte une petite bande étroite. Moins beau, moins élégant que le scarificateur de 1855, le scarificateur de 1852 n'est pas moins un très-bon instrument. Il lui faut un avant-train, comme il en fallait déjà un au scarificateur primitif. Cet avant-train peut être soit un avant-train Dombasle, soit un avant-train ordinaire du pays (dont il faut toujours indiquer la hauteur). La manœuvre de l'instrument est plus facile avec l'avant-train Dombasle ; mais pourtant, lorsqu'il s'agit de tourner au bout d'un champ étroit, pour reprendre la culture en sens inverse, il est fort ordinaire que l'une des roues vienne frapper contre l'âge ; et si, en ce moment l'attelage tirait trop fort ou tournait trop court, il pourrait en résulter que le goujon, ou quelque autre partie de l'avant-train fussent forcés. C'est pour parer à cet inconvénient qu'a été construit le scarificateur de 1855.

Le caractère le plus saillant de ce dernier instrument, c'est qu'il forme un ensemble complet ; c'est que l'avant-train spécial dont il est pourvu est attaché fixement à la partie postérieure et ne peut recevoir une autre destination. La figure en regard, due à l'obligeance de M. Ed. Ganneron, ingénieur civil, à Paris, en donnera une idée générale, un peu inférieure, il faut bien le dire, à l'aspect réel de l'instrument. La différence fondamentale d'un scarificateur à l'autre, et le vrai titre de supériorité de celui de 1855, c'est l'âge en fer, cintré en cou de cygne, et formant une arcade sous laquelle peut passer librement l'une ou l'autre roue, suivant qu'on tourne d'un côté ou de l'autre. Cette disposition, belle pour les yeux et plus satisfaisante encore dans le travail, permet de tourner pour ainsi dire sur place, au lieu de décrire de longues courbes à grand rayon que nécessite le scarificateur de 1852. Dans celui de 1855, toutes les précautions ont été prises pour que les moindres exigences réclamées par la disposition du terrain puissent être satisfaites, et que le règlement et le maniement de l'instrument trouvent dans tous les cas une solution prompte et facile. Il serait trop long de décrire ici tous ces détails difficiles à expliquer et à saisir, lorsqu'on n'a pas l'instrument sous les yeux, et dont n'ont pas besoin les vrais cultivateurs, parce que leur intelligence les conçoit d'elle-même lorsque se présente l'occasion de les appliquer. On dira seulement que toutes les conditions qui rendent recommandables le scarificateur de 1852, se retrouvent dans celui de 1855, accompagnées de quelques facilités qui n'existent pas dans le premier. En résumé et faisant abnégation de tout amour propre de fabricant, je ne crains pas de dire, avec plusieurs de mes correspondants, que le scarificateur de 1855 est le plus bel instrument aratoire que l'industrie française puisse opposer aux fabricants étrangers. Cette supériorité est du reste facile à expliquer. C'est dans une seule et même fabrique que le scarificateur est né il y a 25 ans, et qu'il a passé par les diverses modifications qui l'ont amené à ce qu'il est aujourd'hui ; or, depuis 29 ans, cette fabrique est dirigée par un homme qui a rendu et rendra encore de très-grands services au progrès agricole, en s'inspirant des idées de M. de Dombasle avec lequel il a eu 12 ans de relations journalières. Les cultivateurs Lorrains et tous ceux qui ont visité la fabrique de Roville ou celle de Nancy, aimeront à placer ici le nom de M. Noël.

On livre des scarificateurs à 9 et à 7 pieds. On a renoncé à fabriquer des scarificateurs à 5 pieds, parceque, pour les faire profiter des avantages que présentent l'âge en cou de cygne, le levier et l'avant-train spécial, il eût fallu élever leur prix à un chiffre hors de proportion avec le peu de travail que peuvent faire des instruments aussi étroits.

Le seul motif qui, dans quelques circonstances, pourrait faire donner la préférence à un scarificateur à 5 pieds, c'est qu'il demande moins de tirage ; mais cette considération tombe devant la facilité que l'on a de réduire à 5 pieds un scarificateur à 7, en démontant les deux pieds extérieurs, et en diminuant ainsi son tirage dans la proportion de 7 à 5. Puis, dans d'autres moments, dans des terres légères et faciles, on se trouvera bien de pouvoir prendre plus de largeur et faire plus de travail : il suffira de remettre les deux pieds à leur place.

De cette facilité de diminuer le tirage en démontant quelques pieds, on pourrait induire que le scarificateur à 9 pieds doit être plus répandu que celui à 7 ; et pourtant il n'en est pas ainsi. Sur les 186 scarificateurs à cou de cygne livrés en 5 ans par la fabrique de Nancy, il y en a 142 à 7 pieds et seulement 44 à 9 pieds (un peu moins de 24 pour 0/0). Parmi les 91, répartis dans le département de la Meurthe, la proportion du scarificateur à 9 pieds est encore moins élevée : 16 contre 75, ou environ 18 p. 0/0. Dans les grandes propriétés où les pièces de terre sont vastes et les attelages forts et nombreux, le scarificateur à 9 pieds doit avoir la préférence : dans la petite culture ou dans les contrées très-morcelées, celui à **7** pieds convient mieux.

Les scarificateurs à **7** ou à **9** pieds ne diffèrent que par le nombre des pieds et par la dimension du cadre qui les porte : sur les uns comme sur les autres les pieds sont distribués de manière que les lignes de travail tracées par eux, soient espacées entre elles de 167 millimètres (6 pouces). Par conséquent l'espace embrassé par les 2 pieds extrêmes est de mètre 1,00 (3 pieds) pour le scarificateur à 7 pieds, et de mètre 1,333 (4 pieds) pour celui à 9 pieds. Le tirage varie suivant bien des circonstances, telles que la profondeur du travail, la nature de la terre, le temps écoulé depuis la dernière culture qu'elle a reçue, etc. Dans les terres argileuses de la Lorraine, il est fort ordinaire de voir 6 chevaux et quelquefois même 8 devant un scarificateur à 9 pieds, tandis que quelquefois, dans la même commune, 4 chevaux et même 3 sont suffisants dans des terres d'alluvions sablonneuses.

On pourrait varier presqu'à l'infini la forme des pieds de scarificateur. Pour ne pas tomber dans la confusion, la fabrique de Nancy, mettant à profit vingt années d'observations et de renseignements, s'est restreinte à trois espèces de pieds : les pieds de scarificateur proprement dits ; les pieds d'extirpateur, et les pieds étroits en dents de herse. Ces pieds ont chacun leur mode d'action ; ils peuvent être substitués les uns aux autres sur le même cadre : on trouvera leur prix au catalogue, à la fin de ce volume.

Les premiers donnent la culture la plus énergique. Pour qu'ils aient plus d'aptitude à entrer en terre, et aussi pour éviter l'engorgement des plantes, du fumier pailleux, etc., ils sont recourbés en avant par le bas, et portent à

leur extrémité inférieure une sorte de palette de 9 à 10
centimètres de largeur qui, attaquant la terre par sa pointe,
la soulève et la bouleverse sur toute la largeur embrassée
par l'instrument. C'est muni de ces pieds, que le scarificateur convient le mieux pour enfouir les semences de
céréales

Les pieds d'extirpateur sont formés d'une tige en fer
solidement implantée dans une plaque triangulaire d'acier,
dont les deux côtés, formant ailes tranchantes, portent à
plat sur le fond du terrain, tandis que le milieu est légèrement bombé, afin d'éviter le frottement et le roulement
qui les feraient sortir de terre s'ils appuyaient sur toute
leur largeur. Ces pieds conviennent surtout pour nettoyer
les terrains infestés de plantes à racines pivotantes. De ce
qu'ils tranchent la terre sur une largeur de 20 centimètres, dépassant un peu la distance des pieds entre eux, il
résulte qu'ils donnent au sol une sorte de coup de rabot
général, ayant pour effet de passer en dessous de toutes
les plantes traçantes et de couper sans exception toutes les
racines pivotantes. C'est là la distinction fondamentale
entre les pieds de scarificateur et ceux d'extirpateur. Les
premiers remuent bien et jusqu'à une profondeur de 12
centimètres toute la couche supérieure du sol, mais quelques racines peuvent échapper à leur action : les pieds ou
socs d'extirpateur tranchent entre deux terres toute la
surface, comme ferait une lame continue, et rendent très-
facile à une bonne herse d'enlever toutes les herbes, si on
ne leur laisse pas le temps de s'enraciner de nouveau.

Les pieds étroits ou en dents de herse dont on peut
armer le scarificateur, font un travail bien moins énergique que les pieds ordinaires : mais ils exigent beaucoup
moins de tirage, et sont fort utiles pour ameublir la terre

et la tenir propre. Ils conviennent pour tirer le chiendent des terres où on ne voudrait pas le faire périr, comme il a été dit à la page 153. Monté de ces pieds étroits, le travail du scarificateur offre une grande analogie avec celui de la herse Bataille, bon instrument fort répandu dans les environs de Paris.

Pour compléter ces longs détails nécessaires pour faire connaître un bon instrument qui n'avait pas encore été décrit, il ne sera pas sans intérêt pour un certain nombre de cultivateurs, de trouver ici quelques extraits d'une lettre adressée en 1858, à un propriétaire du département de la Meuse, qui désirait acheter un scarificateur et hésitait entre celui de 1852 et celui de 1855.

« ..... L'amélioration (l'âge cintré et l'avant-train pivo-
» tant) a été tellement sensible que plusieurs cultivateurs
» de la Meurthe, aujourd'hui bien bons juges en fait d'in-
» struments, n'ont pas reculé devant une dépense fort con-
» sidérable (environ 120 fr.) pour faire convertir leurs
» scarificateurs de 1852 en scarificateurs de 1855, opéra-
» tion que je ne fais qu'à regret, parce que le scarifica-
» teur de 1852 est assez bon pour qu'on s'en contente
» quand on l'a. Mais pour ceux qui comme vous, Mon-
» sieur, n'ont encore ni l'un ni l'autre, la position est
» fort différente, et je ne puis m'empêcher de dire que
» c'est une faute d'acheter un scarificateur de 1852, pré-
» férablement à celui de 1855. Ce ne peut être qu'une
» considération d'économie. Mais en fait d'instruments qui
» doivent durer aussi longtemps qu'un scarificateur, c'est
» un calcul bien faux que de se laisser aller à la tenta-
» tion d'épargner quelques pièces de 20 fr. en renonçant
» aux avantages réels qui résultent des derniers perfec-
» tionnements. C'est du reste une question sur laquelle
» je dois vous laisser une entière liberté..... »

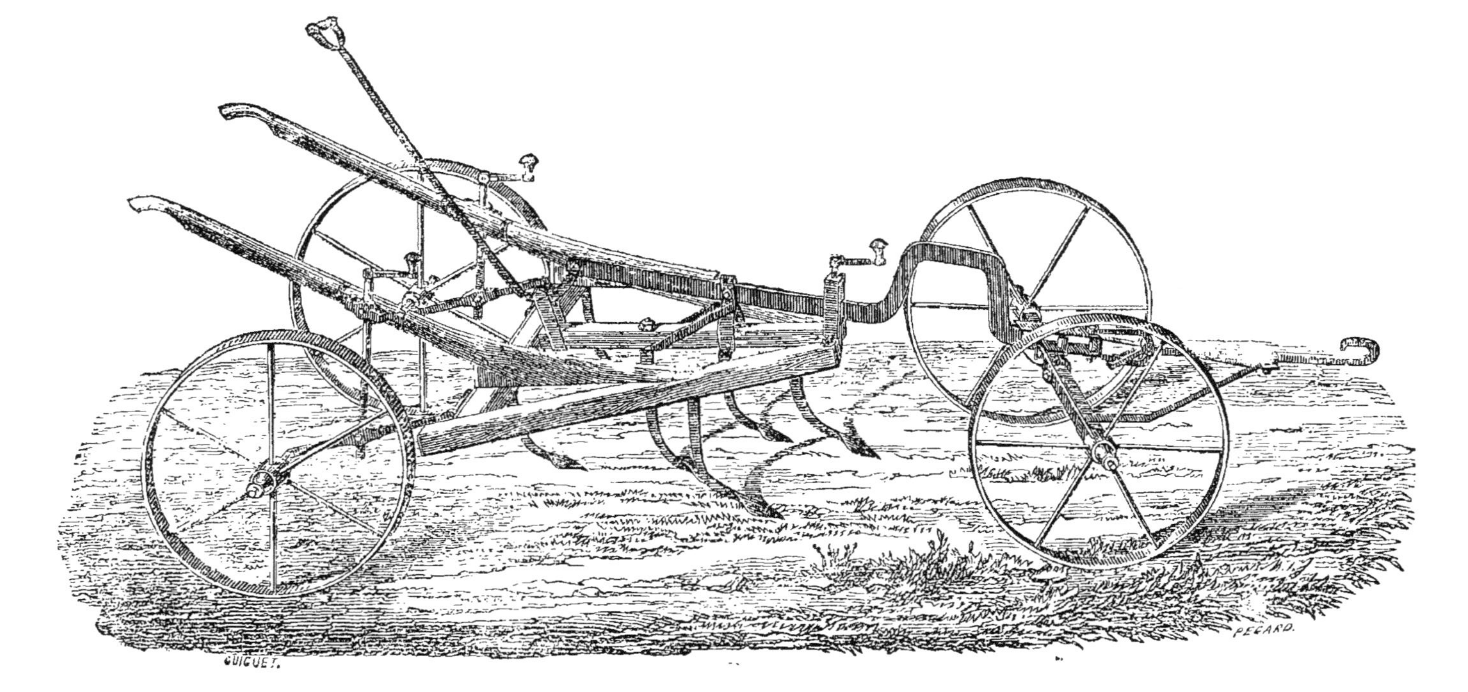
GUIGUET.
PICARD.

LE ROULEAU (*fig.* 19 *et* 20).

Les *rouleaux* sont employés dans la culture, soit pour briser les mottes dans les sols argileux, soit pour tasser la terre sur les semences fines, afin de faciliter leur germination et d'entretenir l'humidité dans le sol, en ameublissant la couche supérieure.

On construit des rouleaux en bois, en pierre, et en fonte, et on leur donne diverses dimensions en longueur et en diamètre. En général, plus les rouleaux sont courts, plus leur action est énergique, à diamètre égal. On ne doit pas dépasser une longueur d'un mètre pour les rouleaux destinés aux terrains argileux ; et l'on ne peut guère attendre un effet sensible des rouleaux en bois de cinq ou six pieds de longueur, comme on en voit souvent, si ce n'est dans les sols extrêmement légers et meubles.

Un rouleau en pierre, d'un mètre de longueur sur 22 centimètres (8 pouces) de diamètre, produit une action suffisamment énergique dans la plupart des cas ; mais il est fatiguant pour le cheval, à cause de l'exiguïté du diamètre ; et, par la même cause, il pousse quelquefois la terre devant lui en tournant. Un rouleau en bois de la même longueur, sur 42 centimètres (15 pouces) de diamètre, fonctionne mieux.

On a construit, en 1833, dans la fabrique de Roville, et on continue de construire dans celle de Nancy, un rouleau creux et à jour, en fonte, dit *rouleau-squelette*, dont l'action est d'une grande énergie, parce qu'il est composé de disques présentant à la surface du sol des arêtes tranchantes qui divisent puissamment les mottes de terre. Il ne s'engorge jamais, comme le font quelquefois les rouleaux à pointes, dont l'usage n'a pas paru à M. de Dombasle répondre aux éloges qu'on leur a donnés. Le rouleau-squelette formé de 13 disques en fonte de 52 centimètres de diamètre assemblés en un seul cylindre de 88 centimètres de longueur, pèse environ 260 kilogrammes ; mais il est fort peu tirant pour un cheval de force ordinaire, à cause de son grand diamètre. Il brise avec une grande énergie les mottes de terre les plus dures, et il convient également pour tasser la terre sur les semailles.

Une des conditions les plus importantes dans l'usage du rouleau, est de ne l'employer que lorsque le sol est bien ressuyé ; et si la terre humide s'attache au rouleau, ou même si les mottes s'applatissent sans se briser, on doit aussitôt cesser le travail. Pour ameublir certains sols argileux couverts de mottes, rien n'est plus efficace que l'action successive et réitérée du rouleau et de la herse : les mottes que le rouleau n'a pas brisées ont été du moins enfoncées en terre, et fixées de manière que la herse a plus de prise sur elles, et agit bien plus énergiquement pour les diviser que lorsqu'elles sont roulantes sur le sol ; d'un autre côté, chaque trait de herse ramène à la surface les mottes qui n'ont pas été divisées, et qui se trouvent ainsi dans la position la plus favorable pour recevoir l'action du rouleau.

ROULEAU ARTICULÉ.

En 1859, la fabrique de Nancy a commencé de livrer des rouleaux formés des mêmes disques que les rouleaux-squelettes, mais présentant dans leur mode d'assemblage une différence qui constitue une très-grande amélioration. Au lieu de ne former qu'un seul cylindre dont toutes les parties ne reçoivent qu'un même mouvement, ces rouleaux nouveaux, auxquels on a donné le nom de rouleaux

articulés, se composent de groupes de disques montés sur
le même axe, mais ayant chacun un mouvement de rotation libre et tout à fait indépendant du mouvement du
groupe contigu. Dans le travail en ligne droite ou sur de
très-grandes courbes, cet avantage est complétement annulé :
en effet, il importe peu qu'un rouleau qui suit une ligne
droite soit composé de portions indépendantes les unes des
autres, ou bien ne forme qu'une seule masse, puisque
ses diverses parties ont toutes à parcourir la même longueur dans le même temps. Mais dans les circonstances
ordinaires du travail, c'est-à-dire, lorsqu'un rouleau parcourt une pièce de terre dans sa longueur, pour revenir
en sens inverse parallèlement à la ligne qu'il vient de
suivre, et laisser ainsi successivement son empreinte sur
toute la surface de la pièce, il faut bien, lorsqu'il est arrivé à la limite, qu'il tourne sur lui-même pour entrer
dans sa nouvelle direction. Or, si l'on prend une de ses
extrémités pour centre de ce mouvement de conversion,
il en résultera que le disque qui se trouve au centre, sera
obligé de pivoter sur lui même, tandis que le disque placé
à l'autre extrémité du rouleau aura à parcourir en ligne
courbe un développement de quelques mètres. De là résultera forcément que le point central sera creusé, bouleversé, et que s'il s'agit, par exemple, d'un roulage donné
au printemps sur des céréales, il y aura à chaque tournée
un petit espace sur lequel les plantes seront broyées et
probablement mises hors d'état de continuer leur végétation. Avec les rouleaux articulés ce danger n'existe plus,
ou du moins il est tellement atténué qu'il ne peut en résulter aucun dommage. Chaque tronçon étant libre de
prendre son allure sans être obligé de subir l'entraîne-
ment du tronçon voisin, cette mobilité permet au rouleau

de se placer dans sa nouvelle direction sans qu'aucun point du sol sur lequel s'est fait ce mouvement soit bouleversé ni même creusé d'une façon dommageable.

On peut former des tronçons de 3, 4, 5 disques, et même de 6 ou 7 si, par exemple, on voulait qu'un rouleau de 12 ou de 14 disques fût divisé seulement en deux tronçons. Cette division en deux groupes donne une très-sensible mobilité au rouleau. Pour une petite culture et un faible attelage, un rouleau de 12 disques en 2 tronçons vaudrait déjà bien mieux que l'ancien rouleau de 13 disques en une seule masse : mais le rouleau articulé de 12 disques serait plus lourd et plus cher que l'ancien rouleau de 13 disques. Pour les cultivateurs bien montés, le meilleur rouleau est celui de 15 ou de 16 disques. Les 15 disques peuvent être groupés en 5 tronçons de 3 disques ou en 3 tronçons de 5 disques. (On pourrait même faire entrer dans la formation d'un rouleau des tronçons composés d'un nombre inégal de disques.) 5 tronçons de 3 disques donnent au rouleau une facilité de mouvement qui étonne ceux qui en sont témoins pour la première fois. 3 tronçons de 5 disques offrent moins de mobilité, mais pourtant encore assez pour faire ressortir avec éclat la supériorité des rouleaux articulés. Et à ce propos, il est bon de donner ici quelques explications sur la différence de prix et de poids qui existe entre deux rouleaux composés l'un et l'autre de 15 disques exactement semblables au moins en apparence, et formant deux instruments de même longueur, c'est-à-dire, laissant sur le sol leur empreinte sur une largeur de 95 centimètres mesurés de l'arête du premier disque à celle du quinzième.

Le rouleau de 15 disques en 5 tronçons de 3 disques pèse 497 kilog. et se vend 250 fr.

Le rouleau de 15 disques en 3 tronçons de 5 disques, pèse 433 kilog. et se vend 219 fr.

Voici l'explication de cette différence de 64 kilog. sur le poids et de 31 francs sur le prix.

Les disques de rouleaux sont de deux sortes : les uns vides et à jour sont exactement semblables aux disques de l'ancien rouleau squelette. L'axe les traverse au centre, mais n'est pas en contact avec eux. Ces disques pèsent 17 kilog. Les autres qu'on désigne sous le nom de disques-plateaux, et qui pèsent 33 kilog., sont exactement des mêmes dimensions, mais l'une de leurs faces est fermée dans sa partie centrale par une calotte ou plateau ayant peu de saillie en dehors, mais portant sur sa face intérieure cinq gonflements principaux, l'un au centre et les autres près du rebord cylindrique. Le gonflement central, consolidé par de fortes nervures, fait beaucoup plus de saillie que les autres : il dépasse même un peu l'épaisseur d'un disque. C'est lui qui forme le moyeu que traverse dans toute la longueur du rouleau un fort axe en fer de 40 millimètres de diamètre. Les quatre autres gonflements sont destinés à donner passage aux quatre boulons qui réunissent en une seule masse les disques formant chaque tronçon. De tout cela résulte que, quel que soit le nombre de disques qui composent un tronçon, il doit entrer dans sa formation deux disques-plateaux et au moins un disque ordinaire : or les premiers étant d'un poids presque double des seconds, il est évident que plus un rouleau de même longueur se subdivise en un plus grand nombre de tronçons, plus son poids et son prix doivent être élevés. Par exemple, un rouleau de 15 disques partagés en 5 tronçons de 3 disques, renferme 10 disques-plateaux et 5 disques ordinaires, et pèsera par conséquent

415 kilog., seulement pour les 15 disques ; tandis que le même rouleau divisé en 3 tronçons de 5 disques ne renfermera que 6 disques-plateaux et 9 disques ordinaires, ne faisant pour les 15 qu'un poids total de 351 kilog. voilà pour l'excédant de poids. Quant à l'excédant de prix, il n'est que la conséquence : 1° d'un poids supérieur ; 2° de l'excédant de main-d'œuvre, car il faut tout autant de travail pour assembler un groupe de 3 disques que pour un de 5, et il faut 20 boulons et 40 écrous pour un rouleau de 5 tronçons, tandis qu'il ne faut que 12 boulons et 24 écrous pour un rouleau de 3 tronçons.

Ces détails feront comprendre que le poids et le prix d'un rouleau articulé ne peuvent pas être proportionnels avec le nombre des disques qui le composent, et qu'un rouleau de 16 disques formant 4 tronçons de 4 disques chacun, peut bien être un peu moins cher et un peu moins lourd qu'un rouleau de 15 disques en 5 tronçons. En effet, le rouleau de 16 disques pèse 487 kilog. au lieu de 497 et se vend 243 fr. au lieu de 250. Cette combinaison de 16 disques en 4 tronçons a l'avantage de faire un peu plus de travail que le rouleau de 15 disques : or, comme il faudra plusieurs chevaux pour l'un comme pour l'autre, mieux vaut utiliser leur force en obtenant un peu de travail de plus.

Il aurait été facile de construire les disques-plateaux de telle sorte qu'on pût en appliquer deux l'un contre l'autre, et former ainsi des tronçons de deux disques. Cette combinaison eût présenté un avantage purement apparent compensé par un inconvénient réel. L'avantage eût été de donner au rouleau plus de facilité pour opérer son mouvement de conversion ; mais en voyant manœuvrer un rouleau formé de tronçons de 3 disques, on est convaincu jusqu'à l'évidence que la mobilité est bien assez complète. Or, comme l'emploi exclusif de tronçons de 2 disques exigerait qu'on ne fît usage que de disques-plateaux, il en résulterait une énorme augmentation de poids et de prix. On voit, il est vrai, quelques rouleaux où chaque disque est entièrement indépendant des disques voisins : mais on voit aussi, surtout après quelques années de service, que l'axe ne remplissant plus bien exactement l'ouverture pratiquée au centre de chacun des disques, ceux-ci fléchissent, s'inclinent les uns sur les autres, et souvent finissent par ne plus pouvoir tourner, ou par ne tourner que péniblement comme s'ils ne formaient qu'une seule masse mal ajustée. Cet inconvénient fort grave n'est nullement à craindre pour les rouleaux-articulés de la fabrique de Nancy, par la raison qu'en traversant chaque tronçon, l'axe est en contact avec le gonflement intérieur sur une longueur d'au moins 20 centimètres, bien suffisante pour qu'il ne puisse s'opérer aucun fléchissement latéral de nature à gêner la liberté de mouvement des tronçons.

On trouvera au catalogue quelques détails sur le poids et le prix de divers rouleaux articulés. Sans contredit ces rouleaux n'ont pas la même énergie que les rouleaux Croskill ; mais ces derniers étant beaucoup plus lourds sont aussi beaucoup plus chers, et ils exigent un attelage au moins double, ce qui les exclut à peu près de la petite et même de la moyenne culture. Jusqu'ici la fabrique de Nancy n'en a pas fait, et elle n'a pas le dessein d'en faire.

LE RAYONNEUR (*fig.* 15 *et* 16). LE SEMOIR A BROUETTE (*fig.* 26).

Ces instruments servent à placer les plantes en lignes parallèles et à égales distances entre elles. Dans les semoirs

qui sèment plusieurs lignes à la fois, le rayonneur et le
semoir sont combinés en un seul et même instrument qui
est traîné par un cheval et conduit par deux hommes; en
sorte que, dans la même opération, on trace les lignes et
l'on y dépose les semences qui se trouvent recouvertes à
la profondeur à laquelle les a placés l'instrument. Pendant
longtemps on a employé exclusivement, à Roville, les semoirs à brouette détachés du rayonneur. Pour opérer
ainsi, on trace d'abord les lignes, en ouvrant les raies à
l'aide du rayonneur traîné par un cheval; puis un homme
conduisant seul le semoir de même qu'une brouette, répand dans chaque raie la semence, qui est ensuite recouverte par un des moyens que j'indiquerai tout à l'heure.

Le rayonneur de la fabrique de Nancy porte des pieds
en fonte dont on peut à volonté faire varier l'espacement,
en les répartissant à égales distances sur une traverse percée de trois en trois pouces sur une largeur de quatre
pieds et demi. Les pieds sont fixés sur la traverse par trois
boulons à écrous, et les 76 trous disposés sur deux lignes
parallèles étant percés à des distances uniformes, il suffit
de les compter pour espacer avec égalité les pieds entre
eux.

Pour bien assurer la marche de ce rayonneur, pour
que les raies tracées par lui soient ouvertes à une profondeur bien uniforme, et pour le mettre à l'abri des dé-
viations auxquelles est exposé un instrument opérant de
front sur une aussi grande largeur, il est indispensable
qu'il prenne son appui sur un avant-train. En conséquence
on lui adapte soit un grand âge, soit un âge court à pitons, suivant qu'il doit être employé avec un avant-train
ordinaire de pays ou avec un avant-train Dombasle.

On construit aussi un rayonneur plus solide et moins

cher destiné spécialement à la plantation des pommes de terre. Ce rayonneur porte deux forts et larges pieds placés à la distance fixe de mèt. 0,666 (2 pieds). On essaya d'abord de lui faire porter trois pieds ; mais le tirage était trop pénible, et la traverse sur laquelle étaient montés les trois pieds ne pouvait résister à un tel effort. Ce rayonneur à deux pieds convient particulièrement aux grandes cultures rapprochées des féculeries ou des distilleries de pommes de terre.

Enfin on a construit depuis quelques années un rayonneur désigné au catalogue sous le nom de rayonneur à *petit cadre*. Cet instrument qui finira par être généralement préféré, peut porter 2 pieds larges pour pommes de terre, à distances variables de 24, 36 ou 42 pouces ; ou bien 3 pieds ordinaires, à distance de 12, 18 ou 21 pouces.

Le terrain que l'on veut rayonner doit avoir été préalablement égalisé autant qu'on le peut par un ou deux hersages. Dans le travail, on fait passer en revenant un des pieds du rayonneur dans la dernière raie que l'on a ouverte en allant, afin de conserver exactement le parallélisme dans toutes les lignes. Quelques rayonneurs portent un *marqueur*, afin d'éviter cette perte d'une raie à chaque tour ; mais on a trouvé dans l'usage que ce procédé est embarrassant et beaucoup moins sûr que celui que l'on vient d'indiquer. Cependant avec les rayonneurs à deux pieds, il faut bien se contenter du marqueur, sous peine de ne faire que trop peu de travail.

Le grand rayonneur peut parcourir et façonner deux ou trois hectares dans la journée. On peut l'employer soit pour ouvrir les raies dans lesquelles on veut répandre les semences, soit pour tracer les lignes le long desquelles on opère le repiquage des plantes à l'aide du plantoir à main.

Pour le semoir qui répand les graines dans les raies tracées par le rayonneur, on a cherché pendant longtemps, à Roville, un instrument propre à toutes les espèces de graines, grosses ou fines. Après avoir passé par l'essai de divers systèmes de semoirs à brosses, à trémie, à lanternes, à capsules, à cylindres, etc., ce but n'a été atteint d'une manière très-satisfaisante, que par l'adoption d'un mécanisme d'origine anglaise et qui a été introduit en France par l'institut agronomique de Grignon. Cette construction a reçu à Roville d'importantes modifications, et c'est dans ce système que seront construits désormais tous les semoirs qui sortiront de la fabrique de Nancy.

Dans cet instrument, le mécanisme qui répand la semence se compose de cuillers placées à la circonférence d'un disque, comme cela sera plus amplement expliqué dans l'article sur le semoir à cheval qui se trouve ci-après. Le nombre des cuillers et l'emploi des divers godets offrent deux moyens d'accroître ou de diminuer la quantité de semence ; on en trouve un troisième dans la disposition dont je vais parler.

Les semoirs à brouette portent une paire de poulies à trois gorges correspondant entre elles, mais opposées dans leurs différents diamètres, en sorte qu'on répand plus ou moins de semence, selon qu'on place la chaîne sans fin sur l'une ou l'autre des trois paires de gorges. La plus petite des poulies, placée sur l'arbre des cuillers, est toujours celle qui donne la semaille la plus épaisse, et la chaîne se trouve alors placée sur la plus grande des poulies que porte l'axe de la roue du semoir, qui se trouve en face de la plus petite des poulies que porte l'autre arbre. La chaîne, en effet, ne doit jamais se placer que dans les gorges qui se correspondent respectivement, c'est-à-dire, qui sont placées en face l'une de l'autre. La chaîne doit toujours être croisée comme on le voit dans la figure, de manière que, lorsque l'une des poulies tourne dans un sens, l'autre tourne dans la direction opposée. Quand on conduit l'instrument aux champs, ou lorsqu'on ne veut pas qu'il répande de semence, on enlève la chaîne sans fin, et on la suspend à deux crochets placés à cet effet sur le limon du semoir, à gauche.

L'axe qui porte les cuillers doit toujours être très-libre dans ses tourillons, en sorte qu'il soit mis en mouvement par le plus léger effort de la chaîne, et même sans que cette dernière soit très-tendue ; et, si l'on reconnaissait que la chaîne a besoin d'un effort considérable pour faire tourner cette poulie, on peut être assuré que le mécanisme est embarrassé par quelque cause qu'il faut s'empresser de rechercher pour y apporter remède. Il importe, en particulier, de verser de temps à autre un peu d'huile pour adoucir le frottement des tourillons dans les coussinets, et ces derniers ne doivent pas être trop serrés.

Comme c'est la roue du semoir elle-même qui imprime le mouvement de rotation aux cuillers, on comprend que l'instrument répand la même quantité de semence sur une longueur déterminée, quelle que soit la lenteur ou la vitesse de la marche de l'ouvrier qui le conduit. Cependant cette allure ne doit pas dépasser celle que prend un homme marchant un bon pas ; et elle ne doit pas non plus être trop lente, parce qu'alors la graine ne recevrait pas de la cuiller assez d'impulsion pour être rejetée en dehors de l'auget et tomber dans l'entonnoir.

Les cuillers qui sont ajustées sur le disque, lorsqu'on reçoit les semoirs de la fabrique de Nancy, sont celles qui conviennent à la graine de betteraves. Avec quatre de ces cuillers et en plaçant la chaîne sur les deux poulies moyennes, on répand 18 grains par mètre de longueur ; on peut en répandre plus ou moins sans rien changer aux cuillers en plaçant la chaîne sur l'une des deux autres paires de poulies. Pour les graines de carotte et pour le colza, on emploie les plus petits godets des cuillers n° 2. Pour toutes les autres espèces de graines, on choisit les godets les mieux appropriés à chacune.

Comme pour tous les semoirs, les semences doivent être proprement nettoyées et exemptes de corps étrangers qui pourraient obstruer le passage de la portière. Au reste, ici l'ouvrier qui conduit le semoir voit constamment fonctionner le mécanisme qui est à découvert et qu'il a sous les yeux, en sorte que, s'il survient quelque obstacle qui empêche que la graine ne se répande uniformément, il s'en aperçoit aussitôt. Les semences de toute espèce sont distribuées par cet instrument avec une régularité qui ne peut rien laisser à désirer.

On peut couvrir par un trait de herse en long, mais non en travers, les graines répandues par le semoir, pourvu que le travail du rayonneur ait été bien uniforme, c'est-à-dire qu'il ait ouvert des raies d'une profondeur égale et appropriée à l'espèce de graine que l'on sème. Cette uniformité dans le travail du rayonneur suppose que la surface du terrain était très-unie, car, sans cela, quelques lignes seront plus profondes que d'autres. Cette différence s'aperçoit dans le travail du rayonneur, qui laisse les raies ouvertes ; mais elle n'existe pas moins dans le travail des semoirs à plusieurs raies, tels qu'ils sont généralement construits, quoiqu'elle ne soit pas apparente après l'opération. C'est là un avantage du rayonneur séparé, parce qu'on peut, du moins, remédier à cette inégalité de profondeur, si on le juge nécessaire.

A cet effet, on fait couvrir les semences par des hommes ou des femmes qui suivent le semoir, et qui travaillent à l'aide d'un instrument à main que je nomme *râteau-couvreur* (fig. 27). C'est une espèce de râteau oblique, dont le râtelier est remplacé par une bande de fer de 47 centimètres (17 pouces) de longueur et 5 centimètres et demi (2 pouces) de largeur, sur 5 millimètres (2 lignes) d'épaisseur. Le manche a environ 2 mètres de longueur. L'ouvrier, marchant à côté de la ligne qu'il veut couvrir, tire ou pousse de la terre meuble sur les semences, et à l'aide d'un peu d'attention, il lui est facile de les enfouir à une profondeur à peu près uniforme, quelle que soit l'inégalité de la profondeur des raies. Ce procédé est fort expéditif, car deux femmes suffisent généralement pour suivre la marche d'un semoir qui expédie environ un hectare et demi par jour, les lignes étant espacées à 67 ou 75 centimètres (24 ou 27 pouces), en sorte que le travail, quoique bien préférable par sa perfection, est réellement moins coûteux que celui d'une herse attelée de deux chevaux. Ce travail est toutefois un peu plus long, lorsque le terrain contient beaucoup de mottes que les ouvriers doivent briser pour obtenir de la terre meuble.

Ce procédé convient bien aux semailles de betteraves. Pour les graines fines, comme les carottes, le meilleur moyen de couvrir les semences répandues dans les lignes, consiste à faire piétiner le terrain par un troupeau de moutons. Quant aux semences de colza, elles se recouvrent très-bien par un hersage modéré sur les lignes ensemencées par le semoir à brouette.

LE SEMOIR A CHEVAL (*fig.* 24 et 25).

On a établi, en 1838, à Roville, la construction d'un

semoir destiné à semer plusieurs lignes à la fois, et par conséquent à être traîné par un cheval. De même que les divers instruments de ce genre, il trace et ouvre les raies dans lesquelles il dépose la semence ; et cette dernière se trouve recouverte lorsque le semoir a passé. Cet instrument a été constamment employé depuis dans la ferme de Roville, spécialement pour les semailles de betteraves : on a été parfaitement satisfait de son emploi ; et il en a été de même des personnes à qui la fabrique en a fourni.

Ce semoir se distingue de tous ceux qui avaient été construits jusque-là, par la mobilité du rayonneur qui porte les pieds destinés à ouvrir les raies : quoique ce rayonneur soit placé sous la caisse du semoir et entre les deux roues, ses mouvements sont indépendants de ceux des autres parties de l'instrument, en sorte que, lorsqu'il arrive qu'une des roues ou même toutes les deux s'élèvent ou s'abaissent par l'effet de l'inégalité de la surface du sol, le rayonneur se prête à ces irrégularités sans en éprouver aucun dérangement, et continue d'ouvrir des raies à la profondeur pour laquelle il a été réglé. Cette disposition remédie à un des principaux inconvénients que présentait l'usage du semoir à cheval dans les sols qui n'ont reçu qu'une préparation imparfaite.

On a obtenu cet effet en fixant à la traverse du rayonneur qui porte les pieds, un âge court qui se termine au-dessous de la traverse de la limonière, où il joue librement dans un collier qu'on peut élever ou abaisser à volonté, afin de donner plus ou moins d'entrure aux pieds du rayonneur. Celui-ci porte d'ailleurs deux mancherons au moyen desquels l'ouvrier peut, lorsque le besoin l'exige, soulever le rayonneur, lui faire prendre plus de profondeur par la pression, ou même l'incliner à droite ou à gauche, indépendamment de la marche du semoir porté sur ses deux roues. Les pieds construits en fonte sont fort solides et fonctionnent bien, même dans les terrains qui contiennent une grande quantité de mottes.

L'avantage spécial du semoir à cheval consiste dans une grande économie de temps et de travail, puisque l'opération entière de la semaille se trouve réduite à l'équivalent du travail du rayonneur qui précède le semoir à brouette. Avec un cheval, un ouvrier intelligent qui tient les mancherons, et un jeune homme qui conduit le cheval, on peut ensemencer avec cet instrument environ trois hectares par jour.

Ce semoir est construit de manière à pouvoir semer en lignes espacées de 25, 33.3, 50, 66.6 et 75 centimètres (9, 12, 18, 24 et 27 pouces); et il est disposé de manière qu'à toutes ces diverses distances, les roues du semoir se trouvent éloignées du dernier pied de chaque côté, soit de la distance entière des lignes entre elles, soit de la demi-distance. Dans ce dernier cas, il suffit de faire revenir la roue sur la trace qu'elle a laissée dans le tour précédent, pour espacer exactement les lignes de l'allée et de la venue. Dans l'autre cas, on atteint le même but, en plaçant au retour le premier pied de l'instrument sur la trace qu'a laissée la roue au tour précédent. Au moyen de cette disposition on n'a pas besoin de marqueur ou trace sentier, qui fonctionne souvent fort mal, tandis que la trace de la roue est visible dans quelque sol que ce soit.

Afin d'obtenir la combinaison que je viens d'indiquer, on a prolongé une des fusées de l'essieu, de manière qu'on peut faire varier de 167 millimètres (6 pouces) la distance qui sépare les deux roues, et qui peut être ainsi de 1 mètre 33 cent. ou de 1 mètre 50 cent. (48 ou 54 pouces).

La plus grande distance sert pour les lignes espacées de 25, 50 et 75 centimètres (9, 18 et 27 pouces); et les roues sont placées à la distance de 1 mètre 33 cent. (48 pouces), pour les lignes distantes de 33.3 et 66.6 centimètres (12 et 24 pouces).

Pour les lignes à 25 centimètres (9 pouces), on place cinq pieds dont les deux extrêmes sont à la distance de 25 centimètres (9 pouces) des roues, c'est-à-dire, du milieu de la largeur des jantes.

Pour les lignes à 33.3 centimètres (12 pouces), on place trois pieds, dont les deux extrêmes se trouvent à la distance de 33.3 centimètres (12 pouces) des roues.

Pour les lignes à 50 centimètres (18 pouces), on place également trois pieds, dont les deux extrêmes se trouvent à 25 centimètres (9 pouces) des roues.

Pour les lignes à 66.6 centimètres (24 pouces), on ne met que deux pieds, dont chacun se trouve à 33.3 centimètres (12 pouces) de la roue de son côté.

Pour les lignes à 75 centimètres (27 pouces), on met également deux pieds qui se trouvent placés à 37.5 centimètres (13 pouces et demi) des roues.

Parmi les cinq pieds, un seul diffère des autres en ce que sa tête est tournée d'un seul côté. Il ne s'emploie que pour les lignes à 25 centimètres (9 pouces), et se place à l'extrémité de la traverse du rayonneur, du côté de la roue mobile.

On construit aussi des semoirs du même genre, destinés spécialement aux betteraves, et semant seulement deux lignes à distance fixe de 75 centimètres (27 pouces) au maximum, ou à toute autre distance inférieure qui sera indiquée d'avance par le demandeur.

Un mécanisme à dégrener est placé près de la main de

l'ouvrier, en sorte qu'il peut en un instant arrêter la chute de la semence, quoique l'instrument continue à marcher ; il peut aussi avec facilité soulever le rayonneur et le fixer dans cette position, au moyen de deux crochets, de manière que les pieds ne portent plus à terre.

Pour le mécanisme à l'aide duquel les semences sont répandues, on a adopté le système des cuillers, dont on a pu apprécier tous les avantages par l'emploi qui en a été fait pendant six ans à Roville, dans les semoirs à brouette dont j'ai parlé dans l'article précédent. Ce mécanisme permet d'employer le même instrument pour toutes les espèces de semences, depuis les plus fines, comme la graine de pavot, jusqu'au maïs et aux féveroles ; il offre, en outre, l'avantage très-précieux de permettre de varier dans une grande proportion la quantité de semence que l'on répand. Il est à l'abri de tout dérangement, et, comme le mécanisme fonctionne à découvert sous les yeux de l'homme qui marche derrière le semoir, ce dernier voit à chaque instant si la semaille s'opère régulièrement. Cependant, en cas de pluie ou de grand vent, il convient que l'ouvrier abaisse le couvercle sur l'arbre des cuillers ; mais il peut le soulever d'une seule main à chaque instant, afin de s'assurer si tout fonctionne bien.

Les cuillers sont en cuivre et disposées en forme de rayons autour de petits disques ajustés sur un arbre mis en mouvement par un engrenage placé sur l'une des roues. Les cuillers sont mobiles, et l'on peut en placer sur chaque disque une, deux, trois, quatre ou six, selon la quantité de semence que l'on veut répandre. Il est convenable d'éviter le nombre cinq, parce qu'on ne pourrait répartir uniformément les cuillers à la circonférence du disque.

Chaque cuiller porte deux godets d'inégale grandeur,

pour des semences de diverses grosseurs, en sorte qu'il suffit de retourner la cuiller pour la rendre propre à d'autres semences. On livre le semoir avec deux jeux de cuillers, portant des cavités de différentes grandeurs, ce qui suffit pour toutes les espèces de semences, si l'on en excepte toutefois quelques-unes qui ne peuvent être semées par aucun instrument, par exemple, celles de panais, de pastel, et quelques autres, de forme très-allongée, ou munies de grandes ailes. Toutes les cuillers de chaque jeu, au nombre de trente, sont entièrement semblables entre elles, et il est facile de distinguer celles des deux jeux à la grandeur des godets. Pour quelques graines plus grosses que la féverole, par exemple de grosses fèves de marais, des glands, etc., il serait facile et peu dispendieux d'ajouter quelques cuillers portant des cavités plus profondes.

Les godets qui sont en fonction dans les cuillers ajustées sur les disques, lorsqu'on reçoit l'instrument, sont ceux qui conviennent pour la graine de betterave. On peut calculer, pour cette dernière, qu'avec une seule cuiller ajustée sur chacun des deux disques, en supposant qu'on sème deux lignes à 66. 6 centimètres (24 pouces) de distance, on répand environ 2 kilogrammes et demi (5 livres) de semence par hectare ; en sorte qu'avec trois cuillers sur chaque disque, on répand 7 à 8 kilogrammes (15 livres) de graine, ce qui forme une semaille très-épaisse pour les semis en place. Cependant comme il convient de faire la part de beaucoup d'accidents dans les semis, il sera rarement avantageux de diminuer cette quantité. Pour toutes les autres espèces de semences, on cherchera les godets qui leur conviennent le mieux, et on en réglera le nombre d'après la quantité de graine que l'on veut répandre.

On met en fonction le nombre de disques dont on a besoin pour chaque semaille, en levant les portières qui leur correspondent, en sorte que la graine contenue dans la grande trémie s'écoule dans les augets où les cuillers la puisent. La portière doit être plus ou moins ouverte, selon la nature de la semence, et assez pour entretenir au fond de l'auget une couche de semence suffisamment épaisse pour que les cuillers s'emplissent en la traversant.

Les disques ne devant jamais être déplacés sur l'arbre qui les porte, il arrive souvent que ceux qui doivent fonctionner ne correspondent pas verticalement au-dessus des pieds qu'ils doivent alimenter. On a disposé de manière à ce qu'ils puissent prendre une direction oblique les tuyaux de fer-blanc qui conduisent la semence, en leur donnant la forme de cornets allongés, au moyen de laquelle ils s'emboîtent les uns dans les autres, en conservant une grande flexibilité.

Les personnes qui voudront employer ce semoir, de même que tout autre instrument de ce genre, feront bien de se familiariser d'avance avec le jeu de ses diverses parties, avec la manière de démonter et remonter les cuillers, etc. Ce mécanisme est fort simple ; mais pour qu'il fonctionne bien, il faut avant tout que la personne qui doit le diriger se soit donné la peine de l'étudier. Lorsqu'on voudra chercher quelle quantité de semence on répand sur une longueur donnée, en employant en tel nombre tel assortiment de godets, on pourra faire cet essai en faisant marcher l'instrument sur des draps ou sur un terrain bien uni, et en élevant les pieds de manière qu'ils ne posent pas sur le sol. On devra toutefois remarquer alors qu'il faut que l'instrument prenne une certaine vitesse analogue à celle de la marche du cheval dans le travail, afin que les godets reçoivent une impulsion assez rapide pour qu'ils jettent la graine hors de l'auget, dans l'entonnoir qui doit la recevoir.

LA HOUE A CHEVAL (*fig.* 17 *et* 18).

Cet instrument sert à remplacer le travail de la main pour le binage des plantes cultivées en lignes. On a donné à la houe à cheval une grande diversité de formes. Celle dont on a fait usage à Roville, pendant vingt ans, et qui a reçu successivement plusieurs modifications, présente beaucoup de facilité dans son emploi, et accomplit l'opération à laquelle elle est destinée, avec autant de perfection qu'on peut le désirer. Elle est composée, comme on peut le voir dans la figure, d'un *âge* qui porte à l'une de ses extrémités le régulateur, et à l'autre un mécanisme à la fois simple et solide, au moyen duquel on règle l'ouverture de l'instrument. Vers le milieu de la longueur de l'âge, sont attachées par des charnières les *ailes*, qui par dessous, portent les pieds ou couteaux, et, à leur extrémité postérieure, les *mancherons*, au moyen desquels l'ouvrier dirige le travail de l'instrument. Il résulte de cette disposition que les ailes peuvent s'écarter ou se rapprocher à volonté, en sorte que la houe peut donner des cultures plus ou moins larges entre des lignes de plantes distantes de 45 à 83 centimètres (16 à 30 pouces).

Dans son état ordinaire, la houe à cheval porte cinq pieds, savoir : un soc triangulaire et quatre couteaux recourbés en forme d'équerre, les pointes dirigées vers l'intérieur de l'instrument. Le soc est placé en avant sous l'âge, et les couteaux sont portés par les deux ailes. Ces quatre couteaux sont ajustés sur des tiges de la même hauteur, mais parmi eux il en est deux qui sont un peu plus longs que les deux autres. Les plus courts doivent toujours être placés en avant des plus longs. Lorsqu'on travaille entre des lignes distantes seulement de 50 à 55 centimètres (18 à 20 pouces), deux couteaux deviennent inutiles, et on enlève sur une aile le premier, et sur l'autre aile le second. Cette disposition a pour but d'empêcher que les pointes de deux couteaux placés vis-à-vis l'un de l'autre, ne se croisent ou ne se rapprochent trop, parce qu'alors les racines et les herbes pourraient s'arrêter et faire engorgement dans cette partie.

Après avoir subi diverses modifications, le régulateur se compose aujourd'hui d'une chape et d'un crochet. La chape est fixée à la tête de l'âge par un boulon qui lui sert d'axe pour faire un mouvement de bascule. Sur la face antérieure de la chape sont percés trois trous, dans l'un desquels on place le crochet auquel s'attache le palonnier ou la chaîne de tirage. Dans les terrains plats, le crochet se place dans le trou du milieu : dans les terrains en pente cultivés en travers, on le placera dans l'un ou l'autre des trous latéraux, et dans cette circonstance et dans quelques autres que la pratique fera aisément reconnaître, on pourra aussi s'aider de la facilité de donner à l'une des ailes un peu plus ou un peu moins d'écartement qu'à l'autre. Enfin, pour arrêter invariablement la partie antérieure de la chape à la hauteur convenable, suivant la profondeur de la culture, on se sert de la clef, qui accompagne toujours l'instrument. L'âge et les deux extrémités latérales de la chape sont percés chacun de deux trous qui se correspondent. La tige de la clef sert ici de goupille et peut traverser l'âge et les deux faces de la chape, ou bien être placée par dessus ou par dessous l'âge. Il résulte de cette combinaison une variété de positions plus que suffisante pour répondre à tous les besoins, et régler la marche de l'instrument dans le sens vertical, pour lui donner de la profondeur ou de l'entrure, et dans le sens horizontal, pour régulariser sa marche sur un sol en pente.

On élève la partie antérieure du régulateur, lorsqu'on veut faire pénétrer plus profondément le soc de devant ; et il importe de donner ainsi assez d'entrure à ce soc pour qu'il ait en terre une tenue un peu ferme, et qui permette à l'ouvrier d'appuyer sur les mancherons pour faire pénétrer les couteaux postérieurs, sans faire sortir de terre la partie antérieure de l'instrument.

Dans les houes à cheval construites jusqu'en 1839, les mancherons étaient fixés à l'extrémité de l'âge ; depuis cette époque, on a trouvé préférable de les fixer à l'extrémité postérieure de chacune des ailes, ce qui donne plus de facilité pour faire pénétrer les couteaux en terre soit à droite, soit à gauche. Un ouvrier très-exercé et surtout très-attentif, pourrait même rendre tout à fait libre l'une des deux ailes, et se donner ainsi la facilité d'écarter ou de resserrer instantanément les ailes par un seul mouvement des bras : mais cette mobilité d'une aile présente en réalité bien plus de danger que d'avantage.

Les mancherons se fixent ordinairement sur la face intérieure des ailes ; mais lorsqu'on travaille entre des lignes très-rapprochées, c'est-à-dire, distantes seulement de 45 à 55 centimètres (15 à 20 pouces), il pourrait arriver que les mancherons ne laissassent pas entre eux assez d'espace pour que l'ouvrier pût les manier commodément. Dans ce cas, on doit les démonter, ce qui est facile au moyen de la clef, et les replacer sur la face extérieure des ailes. En examinant les mancherons avec attention, on verra même que dans la partie traversée par les deux boulons, l'une des faces est droite ou parallèle à la longueur du mancheron, et l'autre coupée dans une direction oblique. En appliquant contre les ailes, en dedans ou en dehors, l'une ou l'autre de ces faces, et en variant ainsi la manière de placer, soit un seul mancheron, soit tous les deux, on peut facilement, quel que soit le rapprochement des lignes de plantes, donner à l'ouvrier la facilité de se placer commodément entre les mancherons pour manœuvrer l'instrument.

On attelle à la houe un seul cheval ; et celui-ci s'accoutume bientôt à marcher entre les lignes de plantes. L'ouvrier le conduit seulement par des guides, pour le faire tourner aux extrémités des raies. Cependant lorsque les plantes sont encore fort jeunes, en sorte qu'on distingue à peine les lignes, ou lorsque le cheval n'est pas bien dressé, il faut employer un jeune homme pour le conduire par la bride.

Lorsqu'on travaille entre les lignes de maïs déjà un peu grand, il arrive quelquefois que les extrémités du palonnier peuvent coucher ou blesser les plantes ; on supprime dans ce cas le palonnier, en fixant l'extrémité des deux traits au crochet du régulateur, et afin d'éviter que les traits ne blessent le cheval, on les tient écartés au moyen d'un bâton court que l'on fixe entre eux, derrière les jarrets de l'animal.

La précaution la plus importante pour le succès des cultures à la houe à cheval consiste à l'employer toujours à propos, c'est-à-dire, lorsque les herbes que l'on veut détruire sont encore petites et lorsque la terre n'est pas encore desséchée à fond ; car, si l'on attend que les herbes soient grandes et fortement enracinées, ou que la terre soit durcie par la sécheresse, l'instrument fonctionne mal.

Toutes les fois que l'on a été peu satisfait du travail de la houe à cheval, on peut être assuré que c'est à quelque faute de ce genre qu'on doit l'attribuer. On doit donc saisir avec soin l'instant propice pour introduire la houe à cheval dans une pièce de terre. Cet instant ne manque jamais au cultivateur attentif et diligent, et comme on peut expédier au moins un hectare et demi par jour, avec un seul cheval, il n'est pas difficile de profiter des moments favorables pour la culture d'une grande étendue de terrain. Lorsqu'on a ameubli la surface par un premier binage, elle ne se durcit plus aussi facilement, quoique la sécheresse se prolonge, et l'on peut aisément procéder aux cultures subséquentes. S'il survient une pluie après ce premier binage, on doit veiller à ne pas permettre qu'il se forme une nouvelle croûte à la surface, comme cela arrive dans certains sols, et on l'empêche en donnant à propos une nouvelle culture, c'est-à-dire, lorsque le terrain est ressuyé, sans être encore durci à fond par la sécheresse. Ici, comme pour toutes les cultures, on doit éviter de toucher la terre lorsqu'elle est très-humide ; et les binages de tous genres sont d'autant plus efficaces qu'ils sont donnés dans un terrain plus sec. Ainsi on ne peut mieux favoriser la végétation des plantes qu'en leur donnant des labours superficiels réitérés, lorsque la sécheresse persiste.

Pour la culture des pommes de terre ou des betteraves repiquées, dans un sol déjà passablement nettoyé par de bons travaux antérieurs, la houe à cheval accomplit seule tout le travail des binages ; et ce travail est beaucoup plus énergique et plus efficace que les binages à la houe à main, parce que l'instrument pénètre plus profondément, et aussi parce qu'on peut le réitérer plus souvent presque sans dépense. Il arrivera peut-être, toutefois, que quelques mauvaises herbes s'élèveront entre les plantes, dans les lignes, là où la houe à cheval n'a pu atteindre : on se contentera de les faire arracher à la main, sans biner le terrain, ce qui n'exige que très-peu de temps.

Pour les betteraves semées en place, il est indispensable de biner à la main le long des lignes et entres les plantes, dans les parties que la houe à cheval ne peut atteindre. Cette opération se fait selon les circonstances, soit avant la première culture à la houe à cheval, soit après, mais toujours lorsque les plantes sont encore fort petites ; et l'on réitère un peu plus tard cette culture si cela est nécessaire, au moment où l'on éclaircit les plants dans les lignes, ce qui doit se faire avant qu'ils aient atteint la grosseur du doigt. En cultivant les betteraves de cette manière, il n'est pas possible de s'affranchir entièrement du travail manuel ; mais si l'on sait bien employer la houe à cheval, elle fera presque toujours plus des trois quarts de la besogne.

Vers 1837, on a commencé d'appliquer à la houe à cheval, dans les cultures de Roville, cinq pieds de forme semblable à celle des pieds de scarificateur, mais plus petits. Cette armature est excellente pour approfondir la culture jusqu'à quatre ou cinq pouces dans un sol dont le fond est durci, et où le soc et les quatre couteaux ordinaires ne pourraient pénétrer aussi profondément. Dans cette circonstance, on a donné quelquefois aux betteraves, à l'aide de ce changement de pieds, une culture dont l'effet sur la végétation des plantes a été prodigieux. L'armature ordinaire de la houe à cheval convient mieux toutefois pour les cas les plus fréquents et pour les cultures superficielles ; mais on peut dire, sans aucune exagération, que la houe à cheval n'est complète et ne peut produire tous ses bons résultats matériels et économiques, que lorsqu'elle est accompagnée de ces cinq pieds forme de scarificateur.

Pour satisfaire au désir de quelques cultivateurs, on ajoute quelquefois à la houe à cheval un pied-butteur, destiné à écarter la terre et la rejeter vers les lignes des plantes. Ce résultat ne pouvant être obtenu que fort imparfaitement par l'emploi de ce moyen, on croit devoir se borner à signaler ici l'existence de ce pied-butteur, sans user d'aucune influence pour en propager l'emploi.

On a vu que l'armature primitive et normale de la houe à cheval se compose de 5 pieds : le soc et quatre couteaux, dont quelquefois on supprime 2. On a dit qu'à ces 5 pieds pouvaient en être substitués 5 autres ayant la forme des pieds de scarificateur, et enfin qu'on place quelquefois sur la houe un pied-butteur. Voilà donc 11 pieds qui peuvent être mis en fonction sur un seul instrument. D'autre part les houes telles que les livre aujourd'hui la fabrique de Nancy sont percées de 9 trous propres à recevoir des pieds (3 sur l'âge et 3 sur chacune des ailes : voyez la fig. 18). Quelquefois il arrive que des cultivateurs qui ont demandé une houe simple de 48 fr., s'étonnent de ne recevoir que 5 pieds, accompagnant un instrument percé pour 9. C'est là une erreur fort excusable, qu'il est bon de dissiper par quelques mots d'explication.

De ce que les houes portent 9 trous, on ne doit pas en conclure qu'elles doivent jamais porter 9 pieds à la fois. Cette multiplicité de trous suceptibles de recevoir des pieds n'a pour but que de faciliter et de permettre de varier la combinaison des pieds suivant l'état du sol, suivant l'espace à cultiver entre les lignes, etc. Il suffira d'en donner quelques exemples.

Remarquons d'abord que la fig. 18 présente les 5 pieds ordinaires dans leur position la plus habituelle; le soc au n° 2; les deux couteaux courts en 5 et 8, et les 2 couteaux longs, en 6 et 9. Dans des lignes ne laissant entre elles que peu d'espace, par exemple 50 à 55 centimètres, on supprimerait les couteaux placés en 5 et en 9, et on resserrerait un peu les ailes.

Le plus généralement le soc triangulaire est placé au n° 2 : mais si on avait fait la faute de laisser la terre se durcir fortement, de telle sorte que le soc et les couteaux glissassent dessus sans pouvoir l'entamer, il serait bon de placer en avant, en 1 ou en 2, un pied forme de scarificateur, et de reporter le soc en 3. Dans ce cas, il conviendrait probablement aussi de supprimer les pieds-couteaux 5 et 8, et de les remplacer par deux pieds-scarificateurs en 4 et en 7. Ces 3 pieds scarificateurs marchant ainsi en tête, briseraient la croûte du sol et prépareraient la voie au travail du soc et des deux pieds-couteaux.

Ces exemples suffiront pour appeler la réflexion sur les nombreuses combinaisons auxquelles peut donner lieu le placement des dix pieds de la houe. En pareille matière, où les circonstances locales exercent une influence toujours variable, il n'est pas de préceptes absolus, et c'est ici une des nombreuses occasions où il est à désirer que chacun agisse, raisonne, compare et développe la faculté la plus importante pour un agriculteur, celle sans laquelle il n'est pas de succès possible ni durable : l'esprit d'observation. Seulement on peut dire que plus l'espace à cultiver est large, plus on peut placer de pieds sur la houe à cheval, sans pourtant arriver jamais à en placer neuf à la fois.

Une fort bonne combinaison, ou plus exactement une transformation de la houe à cheval, c'est de l'armer de 7 pieds, forme de scarificateur, ou de 6 de ces pieds et d'un soc ordinaire, précédé quelquefois d'un pied-scarificateur placé sur l'âge, au n° 1. Dans des terres douces, une houe ainsi montée pourra remplacer avec beaucoup d'avantage la rite, pour l'enfouissement des semences de céréales, et elle conviendra particulièrement aux cultivateurs qui n'ont pas d'assez forts attelages pour employer à cet usage le scarificateur.

Les dernières modifications que la houe à cheval a reçues, en 1845, dans la fabrique de Nancy, ont eu pour résultat de donner à l'âge une plus grande longueur que celle qu'il avait précédemment, et de mettre ainsi une plus grande distance entre le point d'attache et le point central de résistance ; c'est-à-dire, entre le régulateur, sur lequel s'exerce le tirage, et le soc antérieur. Il en est résulté une plus grande fixité dans la marche de l'instrument. La longueur de l'âge est même suffisante pour pouvoir y placer à volonté, en avant du soc, une roulette, qui se règle au moyen d'une tige double formant chape et se fixant à l'aide d'une goupille qui traverse l'âge. On doit dire, du reste, que d'après l'avis de plusieurs bons praticiens, l'adjonction de la roulette présente plus d'inconvénient que d'avantage.

Pour transporter la houe à cheval d'un lieu à l'autre, on la couche de côté sur le même traîneau qui sert au transport des charrues, en enfilant le montant du traîneau dans le crampon qui se trouve sur l'âge de la houe à cheval.

LE COUPÈRACINE (*fig.* 30 et 31).

Lorsqu'on emploie les racines à la nourriture du bétail,

on éprouve bientôt le besoin d'un instrument qui abrége et facilite le travail nécessaire pour découper ces racines, que l'on ne pourrait donner entières aux bestiaux, sans beaucoup d'inconvénients. On a imaginé divers instruments pour atteindre ce but; mais celui dont la construction offre le plus de solidité, et dont l'usage est le plus commode, se compose d'un disque vertical en fonte, que l'on arme de deux ou de quatre couteaux qui se présentent successivement à l'orifice d'une trémie dans laquelle on place les racines que l'on veut découper. Lorsque ce couperacine est bien construit, et surtout lorsqu'on a donné aux parois latérales de la trémie une courbure convenable pour que l'action des couteaux puisse s'exercer sur la surface entière des matières qui se présentent à l'orifice de la trémie, l'instrument fonctionne trèsbien, et un seul homme, en le faisant mouvoir, peut découper dans une heure de travail, en tranches de sept à dix millimètres d'épaisseur, 6 à 800 kilog. de racines. Si la machine est servie par un second homme, qui place les racines dans la trémie, on peut en découper beaucoup plus.

Lorsqu'on opère sur des pommes de terre, on peut tenir la trémie constamment pleine ou presque pleine; mais lorsqu'on découpe des betteraves ou des carottes, il arriverait quelquefois, si l'on agissait ainsi, que ces racines, trop grosses et trop irrégulières, s'engorgeraient dans la trémie, et ne descendraient pas régulièrement pour être soumises à l'action des couteaux; il vaut donc mieux les jeter une à une, ou au plus deux à la fois, pendant que l'on tourne la manivelle: elles sont dévorées dans un instant à mesure qu'elles tombent dans la trémie, et le travail est plus prompt et moins pénible.

On doit disposer, suivant la localité, en avant de la
machine, un plancher entouré sur deux de ses faces de
rebords latéraux suffisamment élevés : les tranches de
racines sont reçues sur ce plancher dont un côté ne doit
pas porter de rebord, afin qu'on puisse plus facilement
enlever les tranches à la pelle.

Ce fut en 1830 que M. de Dombasle commença de
construire des couperacines. En 1834, ses travaux sur la
fabrication du sucre de betteraves l'amenèrent à remplacer, sur quelques instruments, les lames droites ou unies
par des couteaux dentelés, et un grand nombre de personnes se souviennent encore du beau travail que faisait
un de ces couperacines dans la bergerie de Roville. Ce
fut aussi vers cette dernière époque que le disque en bois
fut remplacé par un disque en fonte, et cette amélioration
fut tellement importante que le couperacine, avec ses
couteaux unis, resta à peu près stationnaire pendant dix
ans. Et pourtant, les couperacines de Roville laissaient sur
un seul point quelque chose à désirer : l'entretien des
couteaux et surtout leur remplacement présentaient de
réelles difficultés. M. de Dombasle avait bien le dessein
d'y porter remède ; sa mort si regrettable a laissé ce soin
à ses continuateurs.

En 1844, le couperacine a été refait en entier. Sur un
disque en fonte plus fort et plus grand que le précédent,
s'appliquent avec facilité quatre couteaux, qu'on peut
avancer à mesure qu'ils s'usent, ou pour graduer l'épaisseur des tranches. Ces couteaux sont traversés par deux
boulons qui les serrent de la manière la plus ferme sur
un plan incliné faisant corps avec le disque, et à l'abri de
tout dérangement, de sorte que, sans qu'il soit besoin de
placer en dessous aucune garniture, le tranchant se pré-

sente toujours sous l'angle le plus favorable pour couper et détacher les tranches de racines. Lorsqu'ils sont hors de service, il est également facile de les remplacer par des couteaux neufs, et par conséquent aussi, de substituer tour à tour, sur le même instrument, suivant le besoin, des couteaux dentelés aux couteaux droits. (Voyez, page 312, sur l'importance des couteaux dentelés, pour l'alimentation des bergeries.) Une trémie en fonte, faite de manière à éviter l'engorgement, et solidement établie sur un bâti qui lui-même présente une extrême solidité, permet de faire passer le disque très-près du cadre de la trémie, et d'éviter ainsi la chute de fragments de racines qui n'auraient pas été divisés par les couteaux. Avec ce couperacine, deux hommes ou plutôt deux jeunes gens peuvent facilement découper, en une heure de travail, 12 à 1500 kilog. de betteraves en tranches, ou 6 à 800 kilog., en rubans de 15 millimètres de largeur. Tel qu'il est aujourd'hui, ce couperacine est l'un des plus beaux et des meilleurs instruments que puisse présenter la fabrique de Nancy.

Lorsqu'on a démonté les couteaux pour les faire affiler, on éprouve quelquefois un peu d'embarras pour les remettre en place et les régler d'une manière uniforme. Voici quelques indications qui rendront très-facile cette opération.

D'abord il faut bien comprendre que ce qui détermine l'épaisseur des tranches, ce n'est pas, comme on le croit quelquefois, l'espace qui existe entre le tranchant des couteaux et le cadre de la trémie. Cet espace, d'au moins un centimètre, est nécessaire pour empêcher les couteaux de s'ébrécher contre l'embouchure en fonte. L'épaisseur des tranches est déterminée par la distance qui sépare le

plan continu ou la surface unie du disque, d'un autre
plan discontinu formé successivement par le tranchant des
couteaux. En d'autres termes, les tranches ont tout juste
autant d'épaisseur que les tranchants ont de saillie en dehors du plan du disque. Et, en effet, si les couteaux étaient
renfoncés de telle sorte que leur tranchant se confondît
avec le plan ou la surface unie du disque, cette surface
frotterait contre les racines enfermées dans la trémie,
mais celles-ci ne seraient pas entamées. En faisant avancer
les couteaux, on fait saillir leur tranchant, et alors ils com-
mencent à couper. Plus donc, on les fait descendre sur le
plan incliné, plus on augmente l'épaisseur des tranches.
Ceci bien compris, il est facile d'induire comment il faut
régler les quatre couteaux afin qu'ils enlèvent chacun
des tranches de même épaisseur, ou, ce qui revient au
même, afin que leurs tranchants passent le plus exactement possible dans le même plan. Il suffit d'avoir une
règle ou une planchette d'une épaisseur bien régulière
dans toute sa longueur, et un peu plus longue que les
couteaux, c'est-à-dire, d'environ 35 centimètres. On l'applique sur la face unie du disque, sur la lumière ou en-
taille par laquelle passent les lames et sortent les tranches
de racines. Par ce moyen, il est facile de régler le couteau
de manière que son tranchant affleure dans toute sa longueur la planchette appliquée devant lui ; et quand les
quatre couteaux auront été réglés de la même manière,
on obtiendra aussi régulièrement que possible des tranches
d'égale épaisseur. Il suit de là que pour obtenir des
tranches plus ou moins épaisses, il suffit de régler les
couteaux au moyen de planchettes ou de règles ayant plus
ou moins d'épaisseur.

Si, par circonstance, on avait chassé les couteaux en

avant de quelques millimètres, afin d'obtenir des tranches plus épaisses que celles que produisait précédemment l'instrument, il serait prudent de retirer d'autant le disque sur son axe, afin de laisser toujours un espace d'au moins un centimètre entre le tranchant des couteaux et l'embouchure de la trémie. Cet espace, limité ainsi, ne peut avoir d'inconvénient, et il prévient les désordres qui arriveraient si les couteaux venaient à se heurter contre le cadre.

Lorsqu'on remet en place les couteaux unis, il importe peu qu'on prenne indistinctement les premiers qui se présentent, car ces quatre couteaux sont exactement semblables. Il n'en est pas de même des couteaux dentelés. Ils ont même longueur : 325 millimètres, mais parmi eux il en est deux qui présentent 11 dents et 10 vides, tandis que les deux autres présentent 11 vides et 10 dents. Les premiers sont marqués de la lettre A ; les seconds, de la lettre B. Cette différence a pour but de faciliter l'exécution du découpage, en faisant alterner les vides et les pleins des couteaux. Or, pour atteindre ce but, il faut avoir soin que les couteaux soient, eux aussi, alternés sur le disque. On y arrive d'une manière toute simple en plaçant sur une même ligne, comme on le voit en la figure 31, les deux couteaux portant la même lettre.

LE GRAND HACHEPAILLE ROTATIF (*fig.* 21 *et* 22).

En 1832, M. de Dombasle, frappé de l'importance que présente, dans l'alimentation du bétail, l'usage de lui faire consommer le fourrage haché, se décida à faire construire un hachepaille. Il connaissait depuis longtemps le bon emploi que, dans l'Alsace et dans certaines contrées de l'Allemagne, on fait d'un petit hachepaille qu'il

s'est plu à décrire, tout en s'efforçant de le perfectionner :
« Cet instrument (comme le disait M. de Dombasle dans
» les précédentes éditions de ce volume) est simple dans
» sa construction, et si efficace dans les effets qu'il pro-
» duit, que, lorsqu'on le voit fonctionner entre les mains
» d'un ouvrier expérimenté, on est tenté de le regarder
» comme le dernier degré de la perfection. » Mais, à côté
de cet éloge, M. de Dombasle constate une circonstance
qui s'opposera toujours à la propagation de cet instrument : c'est la difficulté qu'offre sa manœuvre. En effet,
la nécessité de combiner à la fois et en mouvements con-
trariés l'action simultanée des deux mains et d'un pied,
rebutera toujours le plus grand nombre des ouvriers qui
tenteront de faire usage de ce hachepaille, et son emploi
restera concentré dans les cantons ou les habitants des
campagnes se sont familiarisés dès l'enfance avec cette
manœuvre, qui exige non-seulement de l'habitude, mais
beaucoup de dextérité naturelle.

Lorsqu'un homme comme M. de Dombasle imite un
instrument, l'imitation devient presque une création.
Aussi le hachepaille qu'il fit construire en 1832 présenta
le caractère du vrai progrès, c'est-à-dire que par des
moyens d'exécution très-simplifiés, il produisit les mêmes
résultats que le hachepaille allemand. A l'aide d'un mécanisme peu dispendieux et aussi simple qu'ingénieux, le travail de l'ouvrier se trouva réduit à l'emploi d'une seule
main : mais malgré cette amélioration, le principal obstacle
ne fut pas vaincu ; car cette main, dans laquelle se concen-
trait tout le maniement de l'instrument, supposait toujours, exigeait même beaucoup d'attention et de dextérité
de la part de l'ouvrier. Sans doute un Alsacien, exercé aux
triples mouvements du hachepaille allemand, se trouvait

soulagé en manœuvrant le petit hachepaille de Roville :
mais ce n'était pas pour les alsaciens ni les allemands que
M. de Dombasle avait voulu faire un hachepaille simpli-
fié ; et il est vrai de dire que, sauf quelques heureuses exceptions, cet instrument a rarement trouvé une main capable d'en tirer un bon parti dans les contrées où l'apparition
du hachepaille était tout à fait nouvelle. C'est par ce motif que les continuateurs industriels de M. de Dombasle
ont cessé de faire construire le petit hachepaille désigné
précédemment sous le nom de hachepaille à mouvement
alternatif ; et ils ont pris cette résolution avec d'autant
plus de raison que, depuis 1838, M. de Dombasle livrait
un grand hachepaille à disque, qui semblait avoir résolu
le problème de rendre le résultat de l'opération tout à fait
indépendant de la dextérité de l'ouvrier. Et pourtant, en
1846, la fabrique de Nancy a encore abandonné ce modèle, non que l'instrument ne fût pas bon, ni capable
de faire un excellent et abondant travail, mais parce que,
dans les pièces qui formaient son mécanisme, il y avait
encore un peu trop de complication ; de telle sorte que ce
hachepaille , qui n'a pas cessé de marcher très-bien
entre des mains soigneuses et sous des yeux attentifs,
n'offrait réellement pas encore ce caractère robuste et
pratique qui est une des qualités essentielles des instruments destinés à être confiés à toutes sortes de mains et
d'intelligences.

Après de longues études et des essais comparatifs de
hachepailles de différents systèmes, la fabrique de Nancy
s'est vue obligée de renoncer d'abord à une idée qui
longtemps l'avait séduite, celle de faire un hachepaille
d'un prix modéré et moins élevé que le précédent. Un
hachepaille à bas prix est réellement un piége tendu à la

crédulité des consommateurs, et en livrant cet instrument refait pour la troisième fois, il ne pouvait convenir aux continuateurs de M. de Dombasle de se contenter d'ajouter un hachepaille médiocre au grand nombre de ceux qui existent déjà, et qui viennent périodiquement se faire réparer à la fabrique de Nancy, sans en sortir meilleurs. Convaincus que le véritable intérêt des consommateurs est d'avoir des instruments bien faits, solides et exempts de fréquentes réparations, ils ont fait un hachepaille qui déjà a pu rivaliser avec les meilleurs hachepailles anglais, d'un prix presque triple : aux qualités du hachepaille de 1838, il réunit moins de complication, et par conséquent plus de solidité. Il se compose d'un disque en fonte, pesant 82 kilog., formant volant, et armé d'un seul couteau, ce qui, à travail égal, est un énorme avantage sur ceux qui en ont deux et même quelquefois quatre. A chaque tour, ce couteau coupe, sur une longueur déterminée, le fourrage placé dans l'auge, et qui est amené par une paire de cylindres cannelés en fonte, mis en mouvement par le disque lui-même ; en sorte que toutes les parties du mécanisme sont mises en jeu par la seule action que l'ouvrier imprime à la manivelle.

Dans les hachepailles de ce genre, le fond de l'auge est ordinairement formé par une toile sans fin, qui fait avancer la masse du fourrage à découper ; mais l'expérience a montré que cette toile se dérange et se dégrade fort souvent, ce qui exige de fréquentes réparations. Au moyen d'une disposition un peu différente des cylindres, on a pu supprimer complétement cette toile, et l'alimentation se fait avec beaucoup de régularité, sans qu'il soit besoin d'autres soins que d'étendre le fourrage dans l'auge en couches à peu près régulières.

Ce hachepaille découpe les fourrages secs de toute espèce, la paille et les fourrages verts, ainsi qu'un mélange
de ces diverses substances. On peut le régler de manière
à couper à la longueur de 10, 35 ou 60 millimètres
(4 1/2, 15 ou 27 lignes), ce qui suffit pour tous les besoins. La manière de faire varier cette longueur est fort
simple : elle se prend dans les deux tiges verticales en
fer, dont l'une communique le mouvement au cylindre
inférieur, et l'autre, au cylindre supérieur. L'extrémité
inférieure de ces tiges est destinée à être placée sur l'un
des trois goujons qui arment les deux bras de leviers dont
ces tiges reçoivent le mouvement. En plaçant les tiges sur
le goujon le plus rapproché du centre, on coupe à la plus
petite longueur ; en les plaçant sur le goujon du milieu,
c'est-à-dire, en augmentant la longueur du levier, on
coupe à la longueur moyenne ; et enfin, on obtient la
plus grande longueur, lorsque les tiges sont placées sur
les goujons les plus éloignés. On doit avoir toujours soin
de placer les tiges sur les goujons qui se correspondent
sur les deux bras de leviers, c'est-à-dire que si on met
sur le goujon n° 1 la tige de droite, la tige de gauche
devra aussi être placée sur le goujon n° 1, et ainsi pour les
deux autres.

Il convient d'employer au hachepaille deux ouvriers,
parce qu'une fois que le volant est en mouvement, il ne
faut que peu de force pour l'entretenir ; tandis que s'il
fallait le laisser s'arrêter à chaque instant pour alimenter
l'auge, il y aurait une grande perte de force et de temps.
Au reste, deux jeunes gens de quinze à seize ans suffisent
parfaitement pour ce service, et peuvent ainsi découper,
en une heure de travail, 45 à 50 kilog. de fourrage
sec, à un centimètre de longueur, ou 130 à 140 kilog.,

à 3 centimètres et demi, ou enfin 200 à 220 kilog., à 6 centimètres.

On ne peut expédier l'instrument tout monté; mais toutes les pièces étant soigneusement repérées, on le montera facilement partout, en y apportant quelque attention.

En recevant un hachepaille démonté, il faut faire tout d'abord cette réflexion : que quelque jours auparavant il était assemblé et monté, dans les greniers de la fabrique de Nancy, où il a été vérifié et essayé. Il ne s'agit donc que de replacer toutes ses pièces dans leur ordre régulier. Cette opération demande de l'attention, de la douceur, un peu de patience; jamais personne n'y a échoué, en y apportant de la bonne volonté; tellement que sur 378 hachepailles du dernier modèle livrés en douze ans par la fabrique de Nancy, je ne puis citer qu'un seul exemple d'insuccès dû, selon toute apparence, à l'intervention d'un mécanicien qui avait ses raisons pour que le hachepaille de Nancy eût l'air de ne pas pouvoir marcher.

En faisant bien attention aux numéros et aux lettres de repère tracés au pinceau, on verra chaque pièce reprendre sa place, sans qu'il soit besoin de faire aucun effort. S'il faut faire tourner une roue ou un cylindre pour rapprocher deux signes semblables, ce soin ne demandera qu'un instant; mais il ne faut permettre à personne, pas même à un ouvrier, de rien forcer et moins encore de rien corriger ou modifier. On ne doit jamais oublier qu'avant d'être expédié, le hachepaille a été essayé et a bien marché, et que pour le remonter, il ne s'agit que de le rétablir tel qu'il était dans son état primitif.

Les quantités de fourrage haché énoncées ci-dessus sont celles qu'on peut obtenir d'un hachepaille mu à bras d'hommes. Si on lui transmet le mouvement au moyen d'un manége ou de tout autre moteur mécanique, ces quantités seront de beaucoup dépassées : mais dans ce cas il faut avoir bien soin de ne pas faire faire au disque plus de 50 à 55 tours à la minute. Il ne faut pas oublier que cet instrument a été conçu et construit dans la prévision qu'il serait mu à bras d'hommes et ne ferait par conséquent que 40 à 45 tours à la minute. En lui imprimant un mouvement trop rapide, on risquerait de forcer ou d'annuler le jeu de certaines parties de son mécanisme; et en lui faisant faire 55 tours et en l'alimentant bien, on sera étonné de la masse de travail qu'il produira.

Une dernière recommandation reste à faire relativement au couteau. Lorsqu'on demande un hachepaille, c'est une sage précaution que de faire venir un couteau de rechange, afin de ne pas être arrêté à l'improviste par un accident. Lorsqu'il deviendra nécessaire d'émoudre ou d'affiler un couteau, il faut avoir grand soin qu'il ne soit émoulu que du côté du biseau, et jamais du côté du tranchant. Pour que le couteau coupe bien et tranche net, il faut qu'il frotte en glissant contre le cadre, sans toutefois que le tranchant entame jamais l'embouchure.

LA MACHINE A BATTRE LES GRAINS.

Bien que la fabrique de Nancy ne construise pas de machines à battre, et malgré que l'usage de ce mode de battage soit aujourd'hui presque universellement adopté, il a paru intéressant de conserver ici la notice insérée par M. de Dombasle dans les premières éditions du *Calendrier du Bon Cultivateur*, à une époque où la machine à battre étant encore très-peu répandue, c'était pour lui un devoir et une satisfaction de chercher à la propager par son exemple et par ses conseils.

Le battage au fléau est sujet à de grands inconvénients : il est très-coûteux ; il laisse presque toujours du grain dans la paille, et si l'on n'exerce pas une surveillance très-exacte sur les batteurs, la quantité de grain qu'on perd ainsi peut être très-considérable ; il expose d'ailleurs le propriétaire à de grands dangers d'incendie et à des abus de confiance qu'il est souvent fort difficile d'éviter ; enfin c'est peut-être le plus pénible de tous les travaux de l'agriculture.

Après beaucoup de tâtonnements infructueux de la part de plusieurs mécaniciens, un Ecossais, nommé *Meikle*, a inventé, vers la fin du siècle dernier, une machine qui exécute cette opération par le moyen de la force des chevaux, d'un courant d'eau, du vent, etc. Cette machine s'est bientôt répandue, et aujourd'hui il y a très-peu de fermes de quelque importance, en Angleterre, où l'on n'en fasse pas usage. Elle a été introduite en France vers 1823, et se propage chaque jour davantage, dans un grand nombre de nos départements.

Quelques-unes de ces machines sont de petite dimension, et ne font que détacher le grain des épis, en jetant pêle-mêle la paille, les balles et le grain, en sorte qu'il faut les démêler à bras par une opération ultérieure. D'autres machines sont munies d'un appareil convenable pour séparer le grain de la paille, et pour nettoyer le premier, du moins grossièrement, à l'aide de la ventilation. La machine établie à Roville en 1823, était de cette dernière espèce ; elle était mise en mouvement par quatre chevaux, et battait généralement de 5 à 7 hectolitres de froment par heure, selon le rendement des gerbes. J'ai été parfaitement satisfait de l'emploi de cette machine, qui a été construite par M. Hoffmann, charpentier-mécanicien à Nancy. Cet habile ouvrier, qui s'est tenu soigneusement au courant des perfectionnements en cette partie, a fourni, depuis cette époque, un très-grand nombre de machines à battre, qui fonctionnent sur divers points de la France.

Les avantages que réunit cette machine sont : 1° qu'elle tire une plus grande quantité de grain de la paille que le fléau ; 2° que les frais sont moins considérables : cela est facile à concevoir, puisque la machine, conduite par quatre chevaux et servie par quatre personnes, fait autant d'ouvrage que vingt ou trente batteurs ; 3° que l'ouvrage se faisant en très-peu de temps, la surveillance est bien plus facile, et qu'on évite ainsi les dangers d'incendie pendant la nuit, et le pillage de la part des batteurs ; 4° que la paille, sortant de la machine plus propre et moins chargée de poussière, est plus salubre et plaît davantage aux bestiaux ; 5° que le cultivateur trouve, pour ses gens et pour ses chevaux, un travail très-profitable pendant la mauvaise saison, en sorte que le prix du battage est presque gagné pour lui. Je dois dire, au reste, que d'après mon expérience, comme d'après celle de tous les cultivateurs anglais, les machines de grande dimension, c'est-à-dire, celles de la force de quatre chevaux au moins, présentent beaucoup plus d'avantage que les petites machines ; d'abord parce que le battage y est toujours exécuté avec plus de perfection, en sorte qu'il ne reste presque pas de grains dans les épis ; ensuite parce que ce n'est qu'à ces machines qu'il est possible d'adapter le mécanisme qui sépare le grain de la paille et des balles. Il résulte de là que le travail exécuté par les grandes machines est réellement plus économique que le travail des petites, quoique la construction ait été plus coûteuse.

6

Il est bon, toutefois, que les personnes qui voudront essayer de faire usage de la machine à battre, sachent que ce n'est pas là un de ces instruments qui fonctionnent en quelque sorte seuls et que le premier venu peut diriger ; cette machine exige, de la part des ouvriers qui la conduisent, non pas des connaissances en mécanique, mais de l'attention, des soins assidus, et une certaine habitude qui leur apprenne les précautions nécessaires pour que la machine fonctionne bien, et qu'elle soit à l'abri des accidents qui surviennent fréquemment entre les mains d'ouvriers inexpérimentés.

Il arrivera bien rarement que l'usage de la machine à battre s'introduise avec succès dans une exploitation rurale, si le maître lui-même ne se livre pas à une étude particulière du jeu de cette machine et des fonctions des diverses parties qui la composent. Ce n'est qu'ainsi qu'il sera en état de donner à l'homme qui doit la diriger les instructions convenables, et de s'assurer dans tous les instants si ces instructions sont bien exécutées. Un seul homme doit être chargé de cette direction. On doit faire choix, à cet effet, d'un ouvrier soigneux et intelligent, qui ne quittera pas la machine toutes les fois qu'elle fonctionnera, et qui aura sous ses ordres tous les ouvriers qui y seront employés. De cette manière, cet homme acquerra bientôt, par l'habitude, la connaissance des détails de l'opération, et il saura que toute la responsabilité pèse sur lui ; tandis que cette responsabilité serait illusoire, si elle reposait sur plusieurs ouvriers.

Afin de donner une idée des accidents auxquels peut donner lieu l'inexpérience dans la conduite de cette machine, je dirai qu'il suffirait que l'on oubliât de graisser les tourillons du tambour-batteur, lorsque cela est nécessaire, pour que l'arbre et les coussinets fussent mis hors de service en peu d'instants, à cause de l'extrême rapidité du frottement qui s'opère dans cette partie. En général, il peut bien être arrivé que l'on ait construit de mauvaises machines ; mais il est arrivé bien plus souvent que l'on n'a pas réussi à faire usage de celles qui étaient bien construites, parce qu'on n'a pas su les conduire.

On trouve dans le 9ᵉ vol. des *Annales de Roville*, une description détaillée et une figure de la machine à battre.

LE TARARE (*fig.* 21).

L'usage du *tarare* s'est beaucoup répandu dans les fermes depuis la fin du siècle dernier, et l'on y a trouvé à la fois une immense économie dans le travail de main-d'œuvre nécessaire pour nettoyer les grains, et aussi le moyen d'opérer ce nettoiement avec une bien plus grande perfection qu'il n'est possible de le faire par les procédés employés précédemment. Cette dernière considération est d'une très-haute importance, car les consommateurs et les commerçants deviennent tous les jours plus difficiles sur la qualité des grains qui paraissent sur les marchés, à mesure que l'art de la mouture s'est perfectionné, et que l'on sait mieux apprécier l'influence de la propreté et du classement des grains sur la qualité des farines qui en résultent ; aussi remarque-t-on aujourd'hui, sur presque tous les marchés, une différence très-considérable dans le prix des froments provenant de récoltes semblables, selon que le grain a été traité avec plus ou moins de perfection dans les granges ou sur les greniers. Il n'est nullement rare que cette différence seule puisse en apporter une de 1 à 2 francs par hectolitre, en faveur de celui auquel un nettoyage plus soigné n'a fait, du reste, éprouver qu'un

déchet qui équivaut à peine à 15 ou 20 centimes par hectolitre, sur la masse de la récolte, et au moyen d'un travail de main-d'œuvre qui a coûté encore moins.

Le travail que les cultivateurs appliquent au nettoiement du grain sur les greniers est donc toujours employé
avec un grand profit pour eux ; et il leur importe beaucoup de posséder des machines propres à exécuter cette
opération avec autant de perfection qu'il est possible. Sous
ce dernier rapport, on peut dire qu'il est bien peu de localités où les cultivateurs puissent se procurer facilement
des tarares bien appropriés à l'usage qu'ils doivent en
faire. Dans beaucoup de villes, on construit de fort bons
tarares pour l'usage des meuniers, des boulangers et des
commerçants ; mais ce n'est pas encore là ce qu'il faut
au cultivateur : d'abord ces instruments sont d'un prix
élevé, lourds et volumineux, et par conséquent embarras-
sants à transporter d'un grenier à l'autre, ou de la grange
au grenier ; ensuite, construits pour repasser des grains
déjà nettoyés quoique plus ou moins grossièrement, ils
fonctionnent mal ou d'une manière très-incommode, lorsqu'on les applique au premier nettoiement qui se fait sur
du grain encore mêlé de beaucoup de matières étrangères,
comme on l'obtient ordinairement au sortir de la machine
à battre, ou après que le grain battu au fléau a été grossièrement nettoyé sur l'aire de la grange, au moyen du
râteau et d'un crible commun. Il faut, pour le grain dans
cet état, des tarares disposés d'une manière particulière ;
mais ceux de cette espèce, qui sont destinés à l'usage des
cultivateurs, sont presque partout d'une construction si
imparfaite et si grossière, qu'il est impossible d'exécuter
avec eux un nettoiement tant soit peu correct.

On s'est occupé pendant bien des années, à Roville, de

la construction d'un tarare spécialement destiné à l'usage des fermes, en s'efforçant de le rendre le moins coûteux possible, sans nuire à sa solidité, ni à la perfection du travail qu'il exécute. Après des tâtonnements nombreux, on est parvenu, sous ces divers rapports, à un résultat très-satisfaisant. On croit devoir prévenir toutefois les personnes qui font usage de ce tarare, que la perfection de l'opération dépend essentiellement des soins qu'on y met et de l'expérience de celui qui la dirige. On se tromperait beaucoup, si l'on croyait que le tarare, même le plus parfait, disposé au hasard et conduit par un homme qui ne sait pas le régler, donnera de bons résultats, c'est-à-dire, un grain propre, avec aussi peu de déchet qu'il est possible. On ne peut donc apporter trop de soins à se familiariser avec le jeu et les fonctions des diverses parties de la machine, afin, de se mettre en état de reconnaître de suite quel changement on doit y apporter pour qu'elle fonctionne convenablement. Il ne sera pas hors de propos de donner sommairement ici quelques instructions sur les points les plus importants qui sont à considérer dans l'usage du tarare, en les appliquant spécialement à la construction adoptée dans ma fabrique ; et on les fera précéder par une description succincte de cet instrument.

Le bâti de ce tarare est surmonté d'une trémie de laquelle le grain coule dans l'auget, dont la partie supérieure forme le fond de la trémie, et qui reçoit constamment un mouvement d'oscillation. La sortie du grain de la trémie se règle au moyen d'une portière que l'on fixe dans la position convenable, à l'aide d'une vis de rappel.

Le fond de l'auget est formé d'une nappe ou passoire en fil de fer, qui se change selon l'espèce de grain sur laquelle on opère. Sur la passoire, le grain se sépare en deux parties par l'effet de la ventilation : la première, composée du bon grain et de tous les corps d'un volume inférieur, mais pesants, tombe à travers la passoire, sur le crible disposé en plan incliné ; l'autre partie, composée des corps légers ou plus volumineux que les grains de froment, glisse sur la passoire dans toute sa longueur, et va tomber en avant, où la ventilation qui s'exerce là dans toute son intensité, la sépare encore en deux parties : l'une composée de la poussière, des balles et de tous les corps très-légers, est chassée et tombe en dehors du tarare ; ce sont les *vannures :* l'autre partie, formée de corps un peu plus pesants, comme les grains encore enveloppés de leurs balles, et tout ce que l'on nomme, en terme de grange, les *otons,* tombe en avant de la passoire, sur une planche inclinée, qui les conduit hors du tarare, où on peut les recevoir dans une corbeille. Le grain, reçu en dessous de la passoire par le crible, y est encore divisé en deux parties, au moyen du mouvement de va-et-vient qui est imprimé au cadre du crible. Les grains petits et retraits, ainsi que toutes les graines d'un volume inférieur à celui des bons grains, passent au travers du crible et tombent sous le tarare, où on peut les recevoir sur un van que l'on y place à cet effet, tandis que le bon grain, coulant le long du crible, vient s'amasser en avant du tarare.

On voit que le grain placé dans la trémie se partage, par le jeu de la machine, en quatre parties : 1° les *vannures,* que l'on jette immédiatement ; 2° les *otons,* que l'on repasse au tarare après les avoir rebattus au fléau sur l'aire de la grange, pour faire sortir les grains qui n'étaient pas encore débarrassés de leurs balles ; 3° les *grenottes* ou *grenailles ;* 4° enfin, le *bon grain.* Mais, pour que cette séparation s'opère avec exactitude, il est nécessaire que l'instrument fonctionne régulièrement, ce qui s'obtient au moyen des précautions suivantes :

Deux hommes doivent être employés au service de la machine ; l'un, tournant la manivelle, l'autre, occupé à emplir la trémie, à enlever les diverses espèces de produits qui sortent du tarare, et surtout à veiller constamment à la régularité du jeu de toutes ses parties. Cet homme, en effet, doit être le principal ouvrier, et il faut qu'il soit très-attentif à sur veiller les fonctions de l'instrument, ce qu'il fait en observant la nature des divers produits qui en sortent par chacune des issues. Si quelques-unes des parties qui doivent entrer dans les otons sont lancées en dehors avec les vannures, il relève un peu la planche inclinée qui arrête les otons, ou l'abaisse, si les vannures se mêlent dans les otons. Il doit avoir soin que l'écoulement du grain dans l'auget ait lieu uniformément dans toute sa largeur, et que le grain ne s'amasse jamais sur la passoire, ce qui peut arriver, soit parce qu'il coule trop de grain à la fois, ou parce que la passoire n'a pas assez d'inclinaison en avant ; elle doit, en effet, en avoir un peu, mais pas trop ; car, dans ce dernier cas, le grain y glisserait trop rapidement, et la séparation du bon grain ne s'y opérerait pas complétement. Si le crible ne fonctionne pas avec assez d'efficacité, c'est-à-dire, si des grenottes se trouvent encore mêlées au bon grain, on peut accroître l'action du crible, en diminuant son mouvement, au moyen du *taquet*, ainsi qu'il sera expliqué tout-à-l'heure ; il en résultera que le grain recevant de moins fortes secousses en parcourant la longueur du crible, la séparation des petits grains s'opérera plus complétement, parce qu'ils auront plus de facilité pour passer au travers.

Cet ouvrier doit aussi veiller à ce que la courroie qui

unit l'auget au ressort en bois soit convenablement tendue, afin que l'auget se meuve bien au milieu du bâti de la machine, et soit maintenu sans trop de roideur entre le levier qui le fait agir et le ressort qui le ramène en sens opposé, après chaque oscillation. Il doit aussi avoir soin de verser, de temps en temps, quelques gouttes d'huile sur les tourillons de la manivelle et de l'axe du ventilateur, sur le pivot de l'arbre vertical, etc.

Quant à l'ouvrier qui fait mouvoir la manivelle, il est indispensable, pour la perfection de l'opération, qu'il tourne d'un mouvement très-uniforme, non-seulement dans chaque tour, en évitant d'accélérer son allure, soit en haut, soit en bas de la course, comme le font beaucoup d'ouvriers, mais aussi en faisant autant que possible, le même nombre de tours dans le même espace de temps. Lorsqu'on a habitué un homme à la régularité de ce mouvement, il est bon de le placer toujours à cette besogne; car c'est de cette régularité que dépend essentiellement le parfait nettoiement du grain, et c'est parce qu'on ne peut obtenir cette uniformité de la marche des chevaux attelés à un manége, qu'il est impossible d'espérer un nettoiement suffisamment correct des tarares que l'on ajoute souvent aux machines à battre. Il faut toujours finir par un nettoiement au tarare à bras, sur le grenier, si l'on tient à porter sur les marchés des grains d'une très-belle qualité.

Lorsque le froment a passé une fois au tarare, on peut y repasser encore une fois les grenottes, afin d'en séparer le petit nombre de bons grains qui peuvent s'y trouver accidentellement mêlés, et les grenottes que l'on obtient ainsi ne sont plus propres qu'à être données à la volaille ou aux porcs. Quant au bon grain, si l'on tient à l'avoir d'une très-belle qualité, on peut le repasser encore une fois, afin d'en séparer une petite quantité de grains maigres qui auraient échappé au premier criblage. Comme le travail marche très-lestement avec cet instrument, il ne résulte pas de ces *repasses* une augmentation sensible de dépense, et l'on obtient ainsi un nettoiement parfait. Lorsqu'on a séparé le bon grain, on peut encore le diviser en deux qualités ou grosseurs, au moyen du crible de rechange n° 2, dont je vais parler, ce qui peut être avantageux pour la vente en certains cas, ou afin d'obtenir une qualité supérieure de grain pour semence.

Les pièces de rechange qui accompagnent le tarare complet sont quatre passoires et trois cribles : la passoire n° 1 sert pour le froment et le seigle ; la passoire n° 2 s'emploie pour l'orge ; le n° 3, pour l'avoine, et le n° 4, pour le colza et la navette. Le crible n° 1 semploie pour toutes les céréales ; le n° 2 sert à la séparation du froment en deux qualités ou grosseurs ; le crible n° 3 s'emploie pour le colza et la navette.

La notice qui précède a été rédigée par M. de Dombasle en 1832. Après de nombreux essais, il était parvenu, comme il l'a dit plus haut, à faire construire un fort bon tarare, celui qui a été décrit et figuré au 8ᵉ volume des *Annales de Roville*. Mais cet instrument, quoique supérieur sous bien des rapports à ceux qui lui avaient servi de modèles, laissait encore quelque chose à désirer : son mécanisme était ingénieux, mais il n'avait pas cette simplicité si importante dans les instruments destinés au service des fermes, et pour que le tarare de Roville fonctionnât avec perfection et célérité, il fallait qu'il fût dirigé par un homme qui en comprît parfaitement tous les dé-

tails. Depuis 1832, l'usage des tarares est devenu presque
général, et cet instrument est un de ceux à la fabrication
desquels un très-grand nombre d'ouvriers se sont livrés,
quelques-uns avec un succès digne d'encouragement.
M. de Dombasle le savait, et la mort seule a pu l'empêcher
de mettre à exécution le dessein d'appliquer à son tarare
quelques modifications reconnues nécessaires. Ce projet a
été accompli par ses successeurs, et, en 1844, la fabrique
de Nancy a pu livrer un tarare qui ne le cède en rien aux
meilleurs instruments de ce genre.

Le nouveau tarare se distingue particulièrement du
précédent en ce qu'il est plus expéditif et plus facile à régler. En augmentant le volume du tambour, en portant
à cinq au lieu de quatre le nombre des ailes, on a beaucoup augmenté l'énergie du ventilateur, qui joue un rôle
si important dans le nettoyage des grains. En réduisant à
un seul ressort et à une seule courroie les nombreux
accessoires de l'ancien tarare, remplacés aujourd'hui par
un mécanisme simple et toujours prêt à marcher, on a
mis l'emploi de cet instrument à la portée de toutes les
intelligences. Enfin, en plaçant en dedans les portions de
mécanisme qui, dans l'ancien tarare, faisaient saillie en
dehors, on a pu augmenter considérablement la surface
des cribles et des passoires, et rendre ainsi ce tarare bien
plus expéditif, tout en le rendant plus facile à transporter
d'un grenier dans un autre. Célérité et simplicité, tels
sont les caractères généraux des perfectionnements qu'a
reçus cet instrument en 1844, dans la fabrique de Nancy.
Il ne reste plus qu'à compléter par quelques renseignements de détail les sages avis donnés par M. de Dombasle
dans la notice qui précède.

Il est, dans le nouveau tarare, une pièce qui, bien que

peu apparente, remplit un rôle de la plus grande importance, puisque c'est par elle seule qu'on peut régler ou
modifier le mouvement de l'auget et du crible : cette
pièce est le *taquet*.

Au bout de l'axe du ventilateur opposé à la manivelle,
au-dessus de la roue à cames en fonte, est un levier coudé
sur lequel est attachée une tringle en fer qui transmet le
mouvement à l'arbre vertical qui, par le haut, imprime
un mouvement d'oscillation à l'auget ou à la passoire, et,
par le bas, un mouvement de va-et-vient au châssis incliné qui porte le crible. Ce levier coudé est soulevé ou
poussé en avant par chaque came, et il retombe ou prend
son arrêt sur un taquet en fonte fixé par un boulon qui
le traverse, non dans un simple trou, mais dans une mortaise. Ce taquet, dont la face appliquée sur le bois porte
des cannelures, afin qu'il s'y imprime bien et qu'il ne
glisse pas, est donc susceptible d'être avancé ou reculé.
En l'avançant, on diminue l'espace que parcourt le levier
et, par conséquent aussi, le mouvement qu'il transmet au
crible et à la passoire : en reculant le taquet, on augmente
ce mouvement, puisqu'on donne au levier et à la tige de
communication un espace plus long à parcourir. Le taquet
est donc, en quelque sorte, la clef du règlement du mouvement, et le régulateur de l'action de la passoire et du
crible. Il est important que l'ouvrier préposé au nettoyage
des grains comprenne bien l'emploi du taquet. Du reste,
on ne doit l'avancer ou le reculer que de très-peu à la fois,
et n'user qu'avec réserve de cette facilité de modifier le
mouvement.

L'auget de l'ancien tarare de Roville portait deux coulisses, et M. de Dombasle avait cru devoir conseiller de
placer l'une sur l'autre, dans ces doubles rainures, deux

passoires à mailles un peu inégales. Cet emploi simultané de deux passoires était, sans qu'on s'en fût bien rendu compte, une conséquence de l'insuffisance de l'action du ventilateur. Dans le nouveau tarare, où la ventilation est bien plus énergique, on avait essayé d'abord de placer ainsi deux passoires ; mais on a bientôt reconnu que cette complication, loin de produire aucun bon résultat, était plutôt un obstacle à l'expulsion complète des balles et de la poussière : en conséquence l'auget a été fait pour ne recevoir qu'une seule passoire.

Les passoires portent sur un de leurs grands côtés un rebord. Il est presque inutile de dire, sauf pour ceux qui voient un tarare pour la première fois, que ce rebord, destiné à empêcher le grain de tomber en arrière, doit être placé en dedans de l'auget et au-dessous de la portion qui forme le fond de la trémie. Pour placer une passoire dans les coulisses de l'auget, on la fait entrer d'abord en long, puis on la retourne et on l'engage dans les coulisses, en la tirant à soi, jusqu'à ce que le cadre vienne affleurer l'extrémité des faces latérales de l'auget ; alors, on abaisse le crochet destiné à empêcher la passoire de reculer.

Dans cette position, la passoire dépasse un peu le plan incliné qui porte le crible. Il en résulte que les bons grains qui glissent jusqu'à cette portion de la passoire, tombent en arrière du crible, et se mêlent avec les otons : mais ce n'est là qu'un inconvénient apparent compensé par un avantage réel. Si on voulait que tous les bons grains tombassent directement sur le crible, il faudrait, ou relever ce dernier, et alors non-seulement les bons grains, mais une portion des otons, tomberaient sur le crible, ou bien il faudrait ralentir le mouvement de la manivelle, ce qui serait encore pire, parce que la ventilation perdrait toute sa force, ou bien enfin, il faudrait, en avançant le taquet, rendre moins vif le mouvement d'agitation imprimé à la passoire. Ces divers moyens produiraient un effet entièrement contraire au résultat qu'on se propose, qui est d'obtenir dans le moins de temps possible la plus grande quantité de grain bien nettoyé. Pour que l'opération marche comme elle doit marcher, c'est-à-dire, *vite et bien*, il est impossible d'éviter qu'il ne se mêle aux otons une petite quantité de bons grains. Ces grains ne sont pas perdus ; il ne faudra que bien peu de temps pour les recueillir, tandis qu'il en faudrait beaucoup pour repasser toute la masse, si quelques portions des otons venaient à se mêler avec le bon grain. Comme l'a dit M. de Dombasle, et surtout avec le tarare nouveau, les *repassés* n'entraînent qu'une légère augmentation de travail, et sont la meilleure garantie d'un nettoiement parfait.

Il serait impossible d'entrer ici dans le détail de toutes les circonstances qui pourront se présenter suivant la nature des grains, leur état de siccité, etc. Les personnes déjà familiarisées avec l'emploi du tarare, en trouveront facilement la solution. Quant à celles qui n'ont pas encore l'habitude de cet instrument, on ne peut que les engager à bien observer le jeu et les fonctions de ses diverses parties : quelques heures de travail et d'attention les convaincront bientôt que ce nouveau tarare, manœuvré avec intelligence, renferme toutes les conditions nécessaires pour faire dans le moins de temps possible un nettoyage aussi parfait qu'on puisse le désirer.

PONT PORTATIF (*fig.* 28 *et* 29).

Dans le service d'exploitation d'une ferme, les transports sont souvent gênés par des fossés qui contraignent à de longs détours. Quelquefois on comble momentanément un fossé à l'aide de fagots, sur le point où l'on a besoin de le traverser, mais cette pratique forme un véritable casse-cou pour les chevaux ; et après quelques passages, les fagots sont aplatis de manière à ne plus rendre presque aucun service. On a employé pendant vingt ans, dans la ferme de Roville, un pont portatif destiné à faciliter momentanément le passage sur un point quelconque d'un fossé, et l'on a été tellement satisfait de son emploi, que, bien que cette construction ne soit pas, à proprement dire, un instrument d'agriculture, on espère rendre service à quelques cultivateurs en en donnant ici la description.

Comme ce pont eût été trop lourd pour être facilement maniable, on l'a divisé en deux parties qui se posent l'une à côté de l'autre en travers du fossé, sans qu'il soit besoin d'aucun autre moyen que leur propre poids pour les tenir réunies. Les deux figures représentent une moitié du pont vue par dessous et de côté.

Ce demi-pont a de longueur 2 mètres 10 cent. (6 pieds 3 pouces), sur un mètre 33 cent. (4 pieds) de largeur. Il est formé de trois travottes ou soliveaux en chêne, d'environ 11 centim. (4 pouces) d'équarrissage, disposées en biseau à chacune de leurs extrémités, sur une longueur de 43 centim. (15 à 16 pouces), afin que les deux abords du pont présentent un plan incliné qui s'abaisse jusqu'au niveau du sol. La surface ou tablier du demi-pont est formée de planches de chêne de 35 millimètres (15 lig.) d'épaisseur, qui réunissent ensemble les trois travottes sur lesquelles elles sont fixées par de forts clous, et de manière que l'extrémité des planches affleure les tra-

vottes extérieures. Le tout est consolidé par des bandes
de fer à cercle fixées par des clous sur une partie de la
longueur des travottes extérieures, et qui, se repliant à
l'extrémité, unissent solidement les planches aux travottes sur la largeur du plan incliné et même un peu
au delà.

Ces demi-ponts sont faciles à manier pour les charger
sur un chariot, pour les décharger et les mettre en place,
après avoir égalisé le sol par un coup de pioche, si cela
est nécessaire. Dans les dimensions que j'ai indiquées,
ce pont convient fort bien pour les fossés qui ne dépassent
pas 1 mètre 67 centimètres (5 pieds) de largeur. S'il de-
vait être employé sur des fossés plus larges, on pourrait le diviser en trois ou même en quatre parties, dont
chacune serait formée seulement de deux travottes d'un
équarrissage proportionné à la longueur. Le poids de
ces parties suffirait toujours pour les tenir réunies en
place.

DE L'INFLUENCE DU POIDS DES CHARRUES SUR LA
RÉSISTANCE QU'ELLES OFFRENT DANS LE TRAVAIL.
1840.

D'après l'opinion généralement répandue chez les
cultivateurs et chez beaucoup d'autres personnes, les
charrues massives et pesantes offrent à l'attelage une résistance beaucoup plus considérable que les instruments
légers. Il est évident que cette opinion résulte de l'analogie qu'on établit naturellement entre les chariots et les
charrues, relativement à l'influence du poids sur la force
du tirage. J'ai partagé pendant longtemps cette idée ; cependant des observations nombreuses me firent soupçon-
ner qu'elle pouvait bien être une erreur ; et je compris,

en y réfléchissant, que les circonstances sont tout à fait différentes dans les véhicules à roues et dans la charrue en action. Je résolus, en conséquence, de m'assurer du fait par des expériences directes. Pour reconnaître s'il y avait quelque chose de fondé dans cette supposition, il est évident qu'il fallait mettre en expérience des charrues de diverses pesanteurs, mais d'une construction entièrement semblable du reste, car il est certain que des différences qui semblent fort légères dans la forme du corps de l'instrument ou dans le mode d'application de la force motrice, peuvent occasionner de grandes variations dans la résistance qu'offre l'instrument, et la même charrue présentera aussi un tirage sensiblement plus considérable si le tranchant de son soc est émoussé, que s'il a été fraîchement rebattu. Le moyen le plus sûr, pour résoudre ce problème, était donc de faire fonctionner la même charrue, en la chargeant successivement de différents poids placés avec soin à son centre de gravité : car il est évident que les effets sont alors les mêmes que si l'excédant de pesanteur se trouvait dans les pièces mêmes qui composent la charrue. Une occasion naturelle s'est présentée à moi pour me livrer à cette recherche. J'ai entrepris, il y a quelques années, à Roville, une série d'expériences dynamométriques très-nombreuses, dans l'intention de connaître avec certitude la différence que peuvent apporter au tirage des charrues, diverses modifications dans leur construction. Non-seulement j'y ai soumis les charrues réputées les meilleures dans divers pays, et des instruments construits dans les ateliers les plus renommés, mais j'ai fait disposer à dessein, dans ma fabrique, des charrues avec plusieurs modifications de formes, afin de reconnaître l'influence de celles-ci sur la résistance de l'instrument dans le travail. Un temps assez long et quelques milliers d'observations ont été consacrés à résoudre ainsi plusieurs doutes dont la solution était fort importante pour arriver à la construction la plus parfaite de la charrue. Au nombre de ces expériences, j'avais placé celles qui sont relatives à l'influence du poids de l'instrument lui-même. Il m'a paru utile de publier à part les résultats que j'ai obtenus à sujet.

Ces expériences ont été répétées plusieurs fois, et à diverses époques, avec des charrues de diverses espèces, et que l'on faisait fonctionner alternativement sans aucune augmentation de poids, ou en les chargeant de divers poids additionnels. Les charrues que l'on a employées à ces expériences pesaient de 60 à 70 kilog., et après les avoir chargées d'abord de poids peu considérables, on a augmenté ces derniers jusqu'à 50 et même 75 kilog., c'est-à-dire qu'on a porté à plus du double de leur poids primitif celui des charrues en expérience.

Le résultat de toutes ces recherches n'a laissé aucun doute sur la solution de la question qu'on s'était proposé d'examiner, et il est demeuré évident que le poids de la charrue en lui-même n'exerce aucune influence sur la résistance qu'offre l'instrument dans le travail. L'addition de poids n'a occasionné quelque accroissement dans la force du tirage, que dans le cas où les poids étaient placés sur la charrue de manière à détruire l'équilibre de l'instrument en fonction, en sorte qu'il fallait que le laboureur rétablît cet équilibre par une pression vicieuse sur les mancherons ; mais, toutes les fois que les poids étaient placés de manière à ne pas contrarier l'ajustage de la charrue, celle-ci fonctionnait, chargée de 50 à 75 kilogrammes, avec la même force, mesurée au dynamomètre, qu'elle exigeait pour exécuter un labour semblable, sans être chargée d'aucun poids.

C'est avec des araires que ces expériences ont été faites ; mais il n'est pas douteux que les résultats ne soient les mêmes avec des charrues à avant-train, sous la condition que les poids additionnels seraient placés de manière à ne rien changer à la pression exercée par l'âge sur l'avant-train.

Ces expériences ont été multipliées et variées de manière à ne laisser aucun doute sur la solution de la question. La légèreté de la charrue devra toujours, sans contredit, être considérée comme avantageuse, d'abord parce qu'elle en diminue le prix, spécialement pour ce qui regarde les parties construites en fer ou en fonte, et aussi parce que l'instrument léger est plus facilement maniable : mais, pour les instruments en fonction, les effets, relativement à la force du tirage, sont entièrement les mêmes à construction semblable, quel que soit leur poids. Par ces motifs, il conviendrait nécessairement d'attacher moins d'importance qu'on ne l'a fait jusqu'ici à la légèreté des charrues.

Si nous voulons maintenant chercher à expliquer par le raisonnement le fait qui a été constaté par les expériences dont je viens de parler, je pense qu'il ne sera pas difficile de nous rendre compte du principe d'où il est déduit. Supposons, en effet, qu'une charrue soit posée dans la même situation où elle est dans le sol, mais sur une surface ou sur un plan où elle n'éprouve d'autre résistance, pour être tirée en avant, que le frottement qu'opère sa semelle sur ce plan. Il est clair que cette résistance s'accroîtra avec le poids de l'instrument ; mais il est évident aussi qu'elle ne sera jamais bien considérable, et

qu'une très-légère augmentation de force suffira, dans ce
cas, pour faire avancer une charrue beaucoup plus pesante qu'une autre. Quelques kilog. de plus ou de moins
dans la puissance suffiront ici pour correspondre à une
très-grande augmentation du poids de l'instrument, et
l'augmentation de résistance sera d'autant moins considérable que le plan sur lequel glissent les instruments sera
plus dur et plus poli ; en sorte que, si l'on suppose une
surface extrêmement glissante, la résistance dans le tirage
sera presque insignifiante. Lorsqu'une charrue fonctionne
dans la terre, de toutes les résistances qu'elle rencontre,
la seule qui puisse être modifiée par le poids de l'instrument, c'est le frottement qu'elle éprouve ainsi, sur la
surface de la semelle, de même que si elle était hors de
terre ; mais cette résistance ne forme qu'une portion infiniment petite de toutes celles que la charrue a à vaincre,
et qui se composent des efforts nécessaires pour trancher
la terre horizontalement et verticalement, pour soulever
la bande et la retourner.

En effet, la semelle d'une charrue ne repose sur le sol
que par deux points : le talon et le tranchant du soc ; le
reste de la face inférieure de la semelle ne serait pas en
contact avec une surface parfaitement unie, et n'éprouve
dans le travail que des frottements accidentels et très-
faibles. Lorsqu'une charrue est bien construite, le talon
lui-même ne frotte que légèrement au fond de la raie, et
ce frottement est indépendant du poids de l'instrument ;
il résulte de l'ajustage des pièces qui composent la charrue,
car, avec certaines constructions vicieuses, le talon du sep,
même dans les charrues les plus pesantes, ne traîne pas
au fond de la raie, mais s'élève souvent de plusieurs
pouces, ce qui empêche l'instrument d'avoir aucune fixité

dans sa marche. Ce n'est donc pas par le talon ni par la surface inférieure du sep, qu'une augmentation dans le poids de la charrue peut occasionner un excès de frottement qui accroisse la résistance. Restent la pointe et le tranchant du soc ou l'extrémité inférieure de la semelle : ici il y a certainement un frottement et même très-considérable, mais il a lieu en dessus comme en dessous, et résulte de l'effort qu'opère le soc en agissant comme coin. Il doit exister un certain rapport entre les frottements qui ont lieu par-dessus et ceux qui se font par-dessous le tranchant, pour que la charrue s'enfonce naturellement à une profondeur donnée. Le poids de l'instrument forme un des éléments de la pression, d'où résulte le frottement qui s'opère par dessous ; mais, si l'instrument est plus léger, il faut bien qu'on accroisse cette pression par d'autres moyens pour faire pénétrer le labour à la profondeur voulue : ces moyens sont pris dans la force de l'attelage, par l'effet de l'ajustage du régulateur dans les araires, ou de la disposition de l'âge sur l'avant-train, ainsi que dans l'action des bras du laboureur ; en sorte que, pour exécuter un labour à une profondeur donnée, il faut que la pression exercée en dessous sur le tranchant du soc soit la même pour les charrues les plus légères comme pour les plus pesantes.

Lorsqu'on étudie avec soin l'action de la charrue, on reconnaît bientôt que la plus grande partie de la résistance qu'elle offre à l'attelage, résulte de l'effort nécessaire pour faire pénétrer dans la terre le tranchant du soc et du coutre, c'est-à-dire, pour trancher la bande de terre par-dessous et de côté. Quelque peu que le sol soit résistant, c'est à produire cet effet qu'est employée la presque totalité de la force de l'attelage, en sorte que la résistance n'est que très-peu diminuée si l'on supprime entièrement le versoir, de manière à réduire l'action de l'instrument à détacher la bande de terre sans la déplacer. Mais c'est dans ce genre d'action que le poids de la charrue est une circonstance entièrement indifférente pour la résistance, comme je viens de le faire voir. Le reste de l'effort est employé, lorsque la charrue est munie de son versoir, à soulever la bande de terre détachée, à la pousser de côté et à la retourner, et ici il s'exerce entre la bande de terre et les diverses parties du versoir un frottement qui consomme aussi une partie de la force motrice, même en supposant le versoir le plus parfait ; mais cette dernière action s'opérant de bas en haut et de gauche à droite, il est impossible de comprendre comment le poids de la charrue pourrait tendre à accroître la résistance qui en résulte. Il est donc évident que, de quelque manière que l'on considère la résistance offerte par la charrue en fonction, le poids de l'instrument lui-même doit être regardé comme une circonstance qui ne peut modifier en rien cette résistance, et rien n'est plus erroné que les idées d'analogie que l'on peut établir sous ce rapport entre le poids de la charrue et le poids du chargement d'un chariot.

Il est certain néanmoins que si l'on consulte l'observation des faits, dans les divers cantons où l'on fait usage de la charrue, on trouvera bien souvent que là où les charrues sont lourdes et massives, elles sont tirées par des attelages nombreux, tandis que partout où les instruments sont légers, un petit nombre d'animaux sont employés au travail. C'est l'observation de ce fait qui a vraisemblablement donné lieu à l'opinion défavorable relativement au poids des charrues. Mais, si l'on y réfléchit un instant, on trouvera facilement l'explication du fait observé. Partout où l'on a été forcé d'accroître le nombre des animaux de trait, soit à cause de la résistance du sol en elle-même, soit par l'effet des vices dans la construction des charrues, il a bien fallu mettre l'instrument en rapport, par sa solidité, avec les efforts qu'il était destiné à supporter. On a dû construire des charrues lourdes et massives, dans toutes les localités où l'on a été contraint d'y atteler un grand nombre de bêtes de trait, et dans ces cantons on remarque encore bien souvent que les charrues se rompent, malgré les énormes dimensions des pièces qui les composent. Mais dans les cantons où le sol offre moins de résistance, ou dans lesquels une meilleure construction de la charrue permettait de produire le même effet avec moins d'efforts, on a pu diminuer dans la même proportion la force des pièces qui composent ces charrues ; car un instrument auquel on n'attelle qu'un ou deux chevaux, n'ayant à résister qu'à un faible tirage, n'a nul besoin d'autant de solidité que celui qui doit supporter les efforts de trois ou quatre paires d'animaux. Ce n'est donc pas parce que les charrues sont lourdes ou légères que les attelages sont plus ou moins nombreux, et le poids des charrues, que l'on a considéré comme la cause de l'accroissement de résistance, n'en est réellement que l'effet.

Il résulte donc de ce que je viens de dire, et surtout des faits constatés par des expériences dynamométriques, que ce n'est pas dans la légèreté des charrues qu'il faut chercher une diminution de la force du tirage : c'est dans la forme du corps de la charrue et surtout dans la disposition du soc et du coutre, et dans la perfection des courbes par lesquelles la bande de terre est soulevée et renversée, que l'on trouve les causes des différences qu'offrent les diverses charrues dans leur action, si l'on considère cette résistance indépendamment des modifications que peuvent y apporter la présence ou l'absence de l'avant-train, ainsi que diverses combinaisons dans l'application de la force motrice ; et comme la solidité est, toutes choses égales d'ailleurs, en raison du poids, on fera bien de ne pas épargner quelques kilogrammes de fer qui accroîtront beaucoup la durée de l'instrument s'ils sont placés judicieusement, c'est-à-dire, si les diverses parties de l'instrument sont dans un rapport de force convenable, relativement à la fatigue qu'elles éprouvent dans le travail.

Chacun pourra s'assurer par l'expérience que, conformément aux principes que je viens d'indiquer, une charrue pesante à bâti en fonte, mais bien construite, est tout aussi propre que la charrue de bois la plus légère à la culture d'un sol meuble, ou à exécuter des labours peu profonds ; dans l'un ou l'autre cas elle n'exigera pas plus de force de tirage, et pourra, de même que l'autre, fonctionner avec l'attelage d'une paire d'animaux, ou même d'un seul cheval selon les circonstances. Mais la charrue pesante et solide pourra, au besoin, être employée avec un fort attelage pour les labours profonds dans les sols argileux, ce que ne pourra faire la charrue légère.

On peut bien construire des charrues légères destinées, par exemple, au tirage d'un seul cheval ; mais c'est à condition qu'elles prendront peu de largeur de raie et peu de profondeur ; et c'est à cause de cela qu'elles exigeront peu de tirage, et pas du tout parce qu'elles sont légères.

DE L'INTRODUCTION DES NOUVEAUX INSTRUMENTS D'AGRICULTURE DANS UNE EXPLOITATION RURALE.

Je crois utile de présenter ici quelques réflexions générales sur l'emploi des instruments d'agriculture perfectionnés, et sur leur introduction dans une exploitation rurale.

Lorsque je me suis déterminé, vers 1810, à essayer quelques-uns de ces instruments, c'était avec une certaine défiance. Depuis longtemps, déjà, on citait plusieurs cantons en Angleterre, en Allemagne, en Suisse, où ces instruments étaient employés, et l'on vantait les avantages qu'on en retirait. Les descriptions et les figures ne manquaient pas, quoique le plus grand nombre de ces descriptions fussent imparfaites : cependant leur usage s'étendait peu. En France, ils étaient restés, à un très-petit nombre d'exceptions près, dans le domaine de la théorie. J'avais peine à concevoir que leur propagation fût si lente, s'ils offraient de si grands avantages. J'étais disposé à présumer qu'il se présentait, soit dans leur construction, soit dans leur emploi, quelques difficultés ou quelques inconvénients qui en avaient circonscrit l'usage.

Dès mes premiers essais, je fus réellement surpris de la facilité avec laquelle je réussis. Parmi les instruments que j'ai fait construire, il n'en est aucun qui ait exigé de longs tâtonnements pour parvenir à une construction satisfaisante : leur maniement n'a pas présenté plus de difficulté ; tous les ouvriers auxquels je les ai confiés ont appris en peu d'heures à les conduire, quoique aucun d'eux n'en eût jamais vu ni manié de semblables, et quoique, sous le rapport de l'ignorance et de l'esprit de routine, les ouvriers du pays que j'habitais ne le cédassent en rien à ceux de quelque pays que ce fût. J'ai cependant été forcé d'y employer à peu près les premiers venus, et en assez grand nombre, car j'ai eu fréquemment en activité, pendant plusieurs années, trois rayonneurs et six houes à cheval, sans compter plusieurs autres instruments nouveaux. Je n'ai jamais remarqué parmi mes ouvriers la moindre trace de cette mauvaise volonté et de ces préventions dont se plaignent plusieurs agriculteurs qui ont voulu faire des essais semblables.

Il ne sera pas, je crois, hors de propos d'indiquer ici à quoi j'attribue cette circonstance, en présentant mon opinion sur la marche qu'il convient de suivre dans un cas semblable. Ce que je vais dire pourra paraître minutieux à quelques personnes ; mais ce ne sera pas, j'en suis sûr, à celles qui ont eu l'occasion d'observer la puissance de cette résistance passive que les ouvriers apportent souvent aux innovations agricoles.

Lorsqu'un cultivateur est habitué à mettre lui-même la main à l'œuvre et à conduire ses instruments, il ne doit éprouver aucune difficulté pour introduire dans son exploitation ceux dont il a reconnu les avantages. Il fera lui-même les essais nécessaires, et lorsqu'il maniera bien un instrument vraiment bon et utile, il pourra compter sur la docilité et la bonne volonté de ses ouvriers auxquels il le confiera ensuite.

Dans les exploitations où les travaux manuels sont exclusivement réservés à des hommes à gages, cela exige plus de circonspection : si une fois on a laissé s'introduire parmi les ouvriers l'opinion *que tel instrument ne vaut rien, que cela n'est bon que dans les livres, que cela ne peut convenir qu'à une autre qualité de terre, etc.*, on éprouvera ensuite des difficultés que la persévérance et la volonté la plus ferme ne pourront peut-être surmonter.

Des préventions semblables naissent facilement dans l'esprit des ouvriers, et l'on ne doit jamais oublier que la force de l'autorité ne peut rien pour les détruire. Si l'on met brusquement entre leurs mains, avec l'ordre de l'employer, un instrument, peut-être imparfaitement construit, ou qu'ils ne savent pas *ajuster* ni manier, on doit s'attendre que, lorsqu'il ne pourront vaincre les difficultés qu'ils rencontreront dans des essais tentés sans aucun désir de réussir, l'instrument sera réprouvé, et comme ils ne voudront pas se déclarer maladroits, leur amour-propre mettra, de très-bonne foi, à la charge de l'instrument, les obstacles qui n'existent souvent que dans leur inexpérience. C'est précisément cet amour-propre, le plus puissant ressort qui puisse agir sur le cœur de l'homme, qu'il faut, au contraire, appeler à son secours ; c'est sur lui qu'on doit fonder l'espoir du succès : mais il faut que ce soit sans affectation et sans laisser apercevoir les moyens qu'on emploie pour le diriger ; car l'amour-propre des hommes de cette classe est plus délicat qu'on ne serait tenté de le croire.

Il est toujours imprudent de vanter à l'avance un instrument qu'on veut introduire, et d'annoncer la résolution de l'adopter, en s'appuyant sur l'usage avantageux qu'on en fait ailleurs ; car c'est débuter par choquer cet amour-propre, qui dispose tous les hommes en faveur de ce qu'ils savent et de ce qu'ils sont accoutumés à faire. Il vaut bien mieux, en parlant de l'instrument qu'on doit essayer, prendre le ton du doute et même de l'incrédulité sur les avantages qu'il peut présenter, quand même on en serait convaincu, et paraître y attacher peu d'importance ; les ouvriers verront alors ces essais avec indifférence, et c'est la disposition la plus favorable qu'on puisse

espérer d'eux. Qu'on choisisse parmi eux un homme intelligent et adroit, s'il est possible, mais surtout d'un caractère facile à diriger, et qui inspire de la confiance aux
autres ouvriers : cet homme sera chargé de manier l'instrument dans les premiers essais, *sous les yeux du maître;*
qu'on lui fasse sentir que c'est à son adresse qu'il doit là
faveur de ce choix. On se gardera bien de faire ces essais
avec éclat, en appelant les gens de l'exploitation, encore
bien moins des étrangers; autrement, il est à peu près
certain que l'arrêt de condamnation sera prononcé avant
qu'on ait pu arriver à un résultat heureux, qu'on ne
peut espérer d'obtenir qu'après quelques tâtonnements.
Les premières impressions seront défavorables, et l'effet
des premières impressions sur les hommes peu éclairés ne
peut se calculer.

Dans les premiers essais, l'ouvrier qui doit conduire
l'instrument, accompagné du maître seul, ne manquera
pas de dire son avis sur la manière qui lui paraît la plus
avantageuse de l'ajuster, de le conduire, etc, ; on l'écoutera avec déférence, on applaudira à ses observations.

Il faudra qu'on s'y prenne bien maladroitement s'il se
décourage pour les premières difficultés, et si, dès la première ou la seconde séance, cet homme n'est pas persuadé
que c'est à ses efforts et à son talent qu'on doit la plus
grande partie du succès de l'instrument. Dès qu'on est
parvenu à ce point, le procès est gagné. On peut s'en
rapporter à lui du soin de faire parade devant les autres
ouvriers de son adresse à manier l'instrument, et de vanter la perfection de la culture qu'il exécute et la célérité
du travail. Au retour de l'instrument dans la cour de la
ferme, on les verra se grouper autour de lui, l'examiner,
et celui-ci leur démontrer l'usage de chaque pièce, la

manière de s'en servir, etc. Bientôt personne ne voudra être assez maladroit pour ne pouvoir le manier, et tous brigueront la permission de le conduire.

Lorsqu'on a adopté avec succès, dans une exploitation, un instrument nouveau, c'est-à-dire, lorsque tout le monde y est bien convaincu de ses avantages, on éprouve infiniment plus de facilité pour y en introduire d'autres ; quelques succès de ce genre détruisent entièrement la prévention exclusive qu'ont, en général, les ouvriers pour les instruments du pays. J'ai même remarqué souvent qu'ils prennent beaucoup de goût à ces sortes d'essais ; il n'était question que de changer la direction de leur amour-propre.

Une faute grave, que j'ai vu fréquemment commettre par les personnes qui désiraient adopter une charrue nouvelle, et spécialement une charrue sans avant-train, consiste à vouloir la placer, pour le premier essai, dans une terre très-difficile, afin *de la mettre à l'épreuve. Allons dans tel champ*, dit-on, *si elle va là, elle ira partout.* La conséquence naturelle est que la charrue va d'abord fort mal ; le conducteur et les bêtes se fatiguent extraordinairement, ce qui a toujours lieu lorsque l'instrument ne marche pas bien ; on juge que ce n'est pas assez de deux bêtes, on en fait venir deux autres, mais cela va encore bien plus mal ; il faudra un rare bonheur pour que la charrue sorte saine et sauve de cette terrible épreuve ; si un conducteur inexpérimenté, habitué à les ver les mancherons pour faire sortir la charrue de terre, s'oublie un instant, et vient à commettre cette faute dans un moment où elle prend déjà trop de profondeur, l'instrument *se plante*, et quelque solide qu'il soit, on peut parier quatre contre un qu'il sera brisé par l'effort des quatre bêtes, qui, alors, *porte à faux*. Il est bien certain, du moins, que tous les assistants sortiront de là entièrement dégoûtés de la charrue sans avant-train.

Les personnes auxquelles j'ai adressé le reproche de s'y être prises de cette manière m'ont répondu souvent : « Il faut cependant bien qu'une bonne charrue aille partout... » Sans doute ; mais il n'est pas nécessaire qu'un ouvrier fasse son apprentissage dans la terre la plus difficile. Si l'on n'eût pas mis à obtenir un succès dont on était impatient un empressement aussi mal calculé, si l'on eût commencé par les terrains les plus faciles, et qu'on eût gradué la difficulté, à mesure que le laboureur acquérait l'habitude de manier et surtout de régler l'instrument, on aurait vu que, peu de jours plus tard, on aurait labouré sans difficulté cette même terre où l'on a jugé le travail impossible.

Au reste, on ne doit pas s'attendre que la propagation des nouveaux instruments d'agriculture soit jamais bien prompte ; j'ai reconnu, par expérience, qu'on se trompe fortement, lorsqu'on tire de cette lenteur des inductions contre l'utilité de ces instruments, ou contre la facilité de leur usage. Les instruments que j'emploie depuis plusieurs années ont attiré l'attention de tous les cultivateurs de mon voisinage ; ils sont venus fréquemment observer leur travail ; tous ont applaudi à la perfection des cultures, et aux moyens par lesquels on supplée à un grand nombre de bras ; il n'est pas à ma connaissance qu'aucun d'eux ait élevé une objection grave contre l'emploi de ces instruments : plusieurs d'entre eux m'ont quelquefois demandé à les emprunter pour s'en servir momentanément, et en ont été très-contents ; mais très-peu dans la classe des cultivateurs de profession, se sont, jusqu'ici,

déterminés à s'en procurer de semblables, excepté des
charrues simples, qui, depuis quelques années surtout, se
répandent très-sensiblement. C'est un fait de plus à ajouter à ceux qui montrent avec quelle lenteur se propagent
les améliorations en agriculture. Cependant, avec le temps,
il est impossible qu'un procédé, *véritablement utile*, ne
soit pas imité.

Cette dernière page a été écrite par M. de Dombasle
en 1830. Jusqu'à cette époque, ses instruments n'avaient
guère été accueillis que par quelques riches propriétaires
ou par des Sociétes d'agriculture ; mais il restait encore
un grand pas à franchir, celui de les voir adoptés par les
véritables praticiens, par les simples cultivateurs qui, en
définitive, sont les meilleurs juges, et qui, jusque-là,
avaient à peine montré pour ces instruments un intérêt
de simple curiosité. Ce n'est pas ici le lieu d'examiner
les causes de cette hésitation de la part de la classe d'a-
griculteurs la plus nombreuse et la plus intéressée à l'a-
doption des bonnes pratiques. Quelques ardents amis du
progrès ont cru tourner en ridicule cette hésitation en la
qualifiant dédaigneusement d'esprit de routine. En y réfléchissant sérieusement, en voyant bien le fond des
choses, on se convaincrait plutôt que cette répugnance
aux innovations est souvent un acte de bon jugement et
toujours un acte de prudence. Quoi qu'il en soit, éclairé
par une expérience déjà longue et par son éminent esprit
d'observation, M. de Dombasle, qui avait foi en la supériorité des instruments perfectionnés, avait aussi la con-
viction qu'ils finiraient par être compris et par conséquent
adoptés. En envoyant les premiers dans les villes et dans
les châteaux, il avait l'espoir d'en envoyer plus tard dans

les villages et dans les fermes ; et par une confiance louable autant qu'excusable, car elle prenait sa source dans le désir ardent d'augmenter le bien-être des cultivateurs à la tête desquels il venait de se placer, il crut d'abord que la propagation de ses instruments serait plus prompte, particulièrement dans le département de la Meurthe, où, depuis bien des années déjà, ses belles récoltes étaient la meilleure recommandation de ses charrues. En 1830, comme il le dit plus haut, sa charrue commençait à se répandre parmi les cultivateurs de son voisinage ; mais ce ne fut guère que dix ans après, que cette propagation prit un essor dont on va donner une idée exacte, en présentant le relevé du nombre d'instruments sortis annuellement de la fabrique de Roville et, plus tard, de celle de Nancy, depuis 1832 jusqu'en 1849, pour se répandre dans le seul département de la Meurthe.

Année.	Nombre d'instrum.	Année.	Nombre d'instrum.
1832	26	1841	136
1833	28	1842	127
1834	22	1843	256
1835	68	1844	528
1836	70	1845	510
1837	53	1846	540
1838	69	1847	549
1839	114	1848	443
1840	125	1849	428

Ce tableau n'est pas seulement un relevé numérique de la lente invasion des instruments perfectionnés dans un seul département. Les préventions des cultivateurs lorrains contre des instruments nouveaux n'étaient que ce qu'elles sont partout : s'il a fallu près de vingt ans pour les détruire, car la fabrique de Roville a commencé de livrer des charrues dès 1824, doit-on s'étonner de la lenteur avec laquelle les bons instruments se répandent dans bien des contrées où la classe des cultivateurs possède moins d'aisance et d'instruction que dans la région nord-est de la France ?

En divisant en diverses périodes ce tableau de dix-huit années, on remarque que le chiffre des instruments répandus dans le département de la Meurthe reste d'abord bien bas pendant trois ans, puis s'élève brusquement en 1835, et cette date est remarquable, car ce fut en cette année que les charrues Dombasle, jusque là à l'état d'essais, commencèrent à être aussi bonnes qu'elles le sont encore aujourd'hui. Il fallut encore quatre ans pour que la consommation annuelle du département de la Meurthe s'élevât à 100 instruments : mais une fois ce chiffre atteint, en 1839, il se soutient à peu près stationnaire pendant quatre ans encore, et en 1843, année de la mort de M. de Dombasle, année où les relations des vrais cultivateurs de village commencèrent à prendre avec la fabrique de Nancy une activité qui n'a fait que s'accroître, on voit le nombre des instruments doubler et s'élever à 256. L'année d'après il double encore ; il atteint le chiffre de 500, pendant quatre ans il le dépasse, et il ne retombe au-dessous qu'à la suite des misères de 1847 aggravées bientôt par les commotions politiques de 1848. En résumé, de 1824 jusqu'en 1832, le nombre des instruments perfectionnés répandus dans le département de la Meurthe, a été à peu près insignifiant : pendant les sept ans qui se sont écoulés de 1832 à 1839, la fabrique de Roville a livré aux cultivateurs de la Meurthe 336 instruments ou, en moyenne, 48 par an : pendant les quatre années suivantes, elle leur en a livré 502 ou, en moyenne, par an, 125 1/2 ; en 1843, 256 instruments ; et enfin, dans les six dernières années, 2998, ce qui donne une moyenne annuelle de bien près de 500 (499 2/3). 48,125,256 et 500, voilà donc la progression exacte de ces quatre périodes, qu'on peut appeler périodes d'introduction, de progrès, de transition et de consommation normale.

Aujourd'hui, et en y comprenant la consommation de 1850 qui ne peut encore être récapitulée exactement, mais qui s'élèvera à environ 460, plus de 4,500 instruments sortis d'une seule fabrique et répandus, en dix-neuf ans, sur le sol d'un seul département, prouvent que ces instruments sont véritablement bons, et que M. de Dombasle ne se faisait pas d'illusion lorsqu'il annonçait, il y a plus de vingt ans, que sa charrue deviendrait un jour la véritable charrue lorraine. Il serait aujourd'hui beaucoup plus difficile de faire renoncer les cultivateurs lorrains aux instruments Dombasle, qu'il ne l'a été de les leur faire adopter. Avec les instruments, se sont répandues les idées de vrai progrès ; avec de meilleures cultures, les produits du sol et le bétail se sont augmentés, et dans la même proportion et même, il faut bien le reconnaître, dans une proportion trop forte, on a vu s'augmenter aussi le prix des fermages. Telle a été, en la circonscrivant à un seul département, l'influence d'un seul homme et d'une seule fabrique : cette influence sera la même dans toutes les contrées où se répandront les bonnes pratiques de culture ; c'est donc vers les moyens de hâter cette propagation que doivent se diriger avec patience et adresse tous les efforts des vrais amis des progrès agricoles, bien plus puissants, bien plus persuasifs que ne le sera jamais l'intervention de l'administration.

CONSERVATION DES INSTRUMENTS D'AGRICULTURE.

On ne saurait trop recommander aux cultivateurs deux précautions généralement négligées, et qui contribuent infiniment à la conservation et à la durée des instruments : la première, c'est de les placer à l'abri de la pluie et du soleil, toutes les fois qu'on n'en fait pas usage. La construction d'un hangar pour les mettre à couvert, n'entraîne qu'une dépense bien inférieure à l'économie qui en résulte sur les frais d'entretien et de renouvellement.

La seconde précaution consiste à faire couvrir d'une peinture solide à l'huile tous les instruments, même les chariots, charrettes, brouettes, etc. Les cultivateurs éloignés des villes devraient toujours avoir chez eux, pour cet usage, un pot de couleur toute broyée, pour peindre les instruments neufs et renouveler la peinture lorsqu'elle se dégrade.

Nancy, imprimerie de Veuve Raybois, rue du faub. Stanislas, 3.

Fig. 1. Charrue placée sur le traîneau.
Fig. 2. Charrue et avant-train Dombasle.
Versoir
Verseau
Fig. 3. Soc Américain ordinaire.
Fig. 4. Soc à pointe.
Fig. 5. Soc à aile.
Fig. 6. Charrue sous-sol.
Buttoir et rabot de raies.
vue par dessus.
vue de côté.
Fig. 7.
Fig. 8.

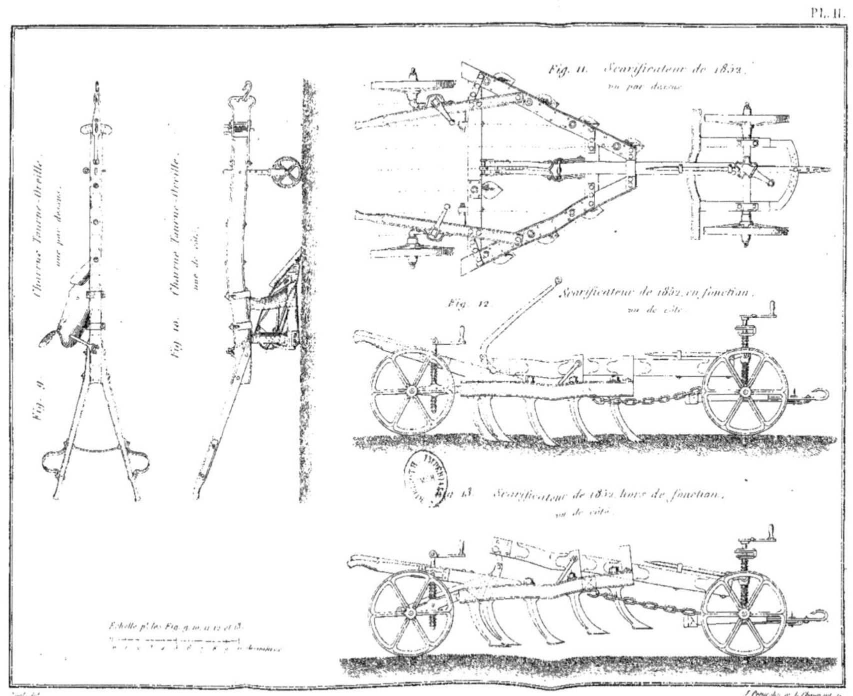
Fig. 9. Charrue Tourne-Oreille. vue par dessus.
Fig. 10. Charrue Tourne-Oreille. vue de côté.
Fig. 11. Scarificateur de 1852. vu par dessus.
Fig. 12. Scarificateur de 1852, en fonction. vu de côté.
Fig. 13. Scarificateur de 1852, hors de fonction. vu de côté.
Echelle p.r les Fig. 9, 10, 11, 12 et 13.

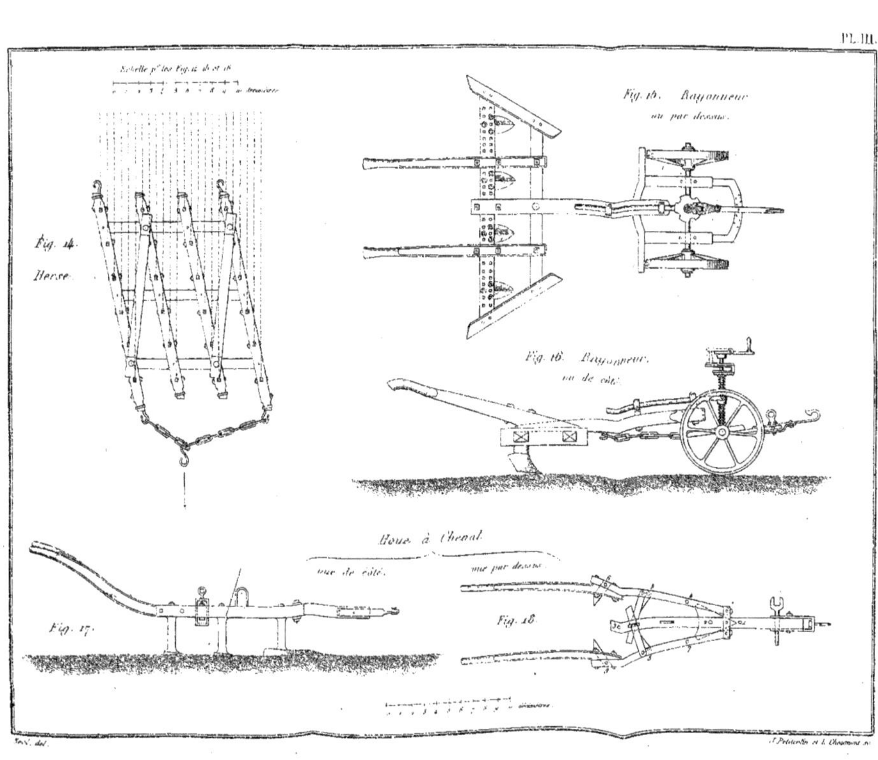
Echelle p.r les Fig. 15 16 et 18.
Fig. 15. Rayonneur
vu par dessus.
Fig. 14.
Herse.
Fig. 16. Rayonneur
vu de côté.
Houe à cheval
vue de côté.
vue par dessus.
Fig. 17.
Fig. 18.

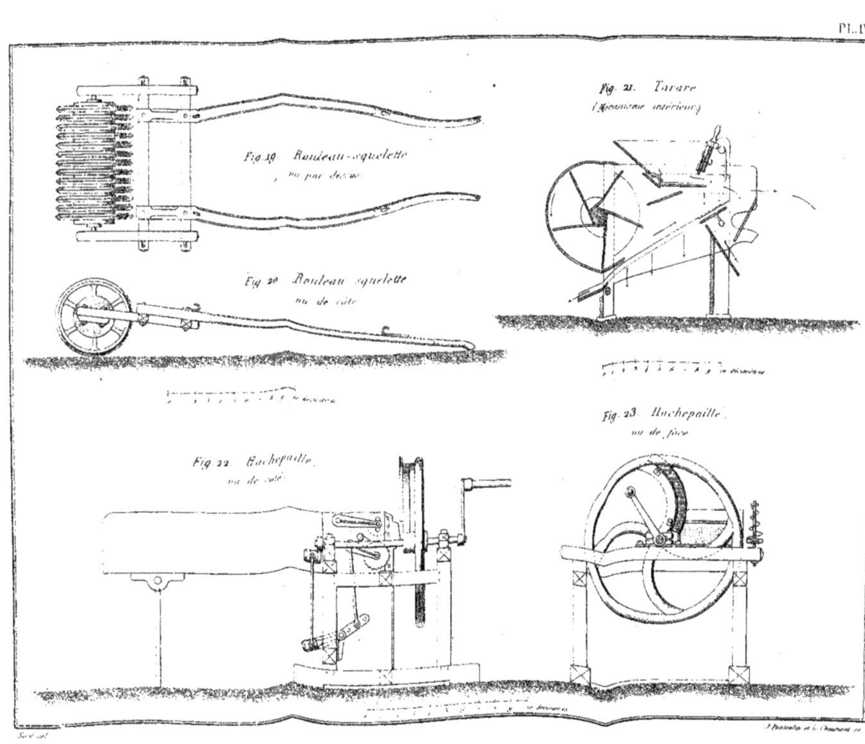
Fig. 19. Rouleau-squelette
vu par dessus
Fig. 20. Rouleau squelette
vu de côté
Fig. 21. Tarare
(Mécanisme intérieur)
Fig. 22. Hachepaille
vu de côté
Fig. 23. Hachepaille
vu de face

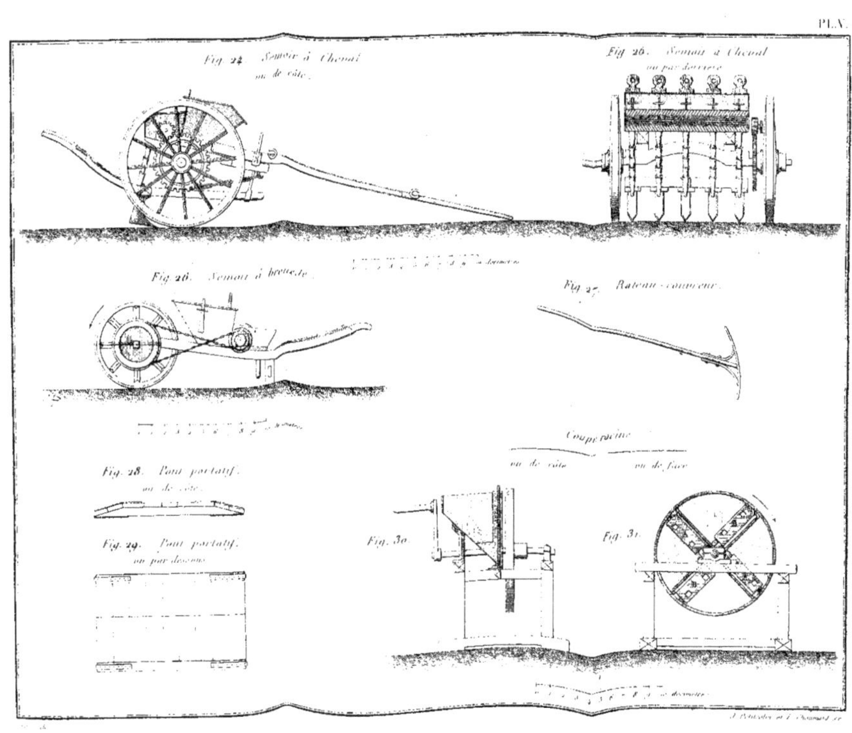

Fig. 24. Semoir à Cheval vu de côté.
Fig. 25. Semoir à Cheval vu par derrière.
Fig. 26. Semoir à brouette.
Fig. 27. Rateau couvreur.
Fig. 28. Pont portatif vu de côté.
Fig. 29. Pont portatif vu par dessous.
Coupe racine
vu de côté
vu de face
Fig. 30.
Fig. 31.

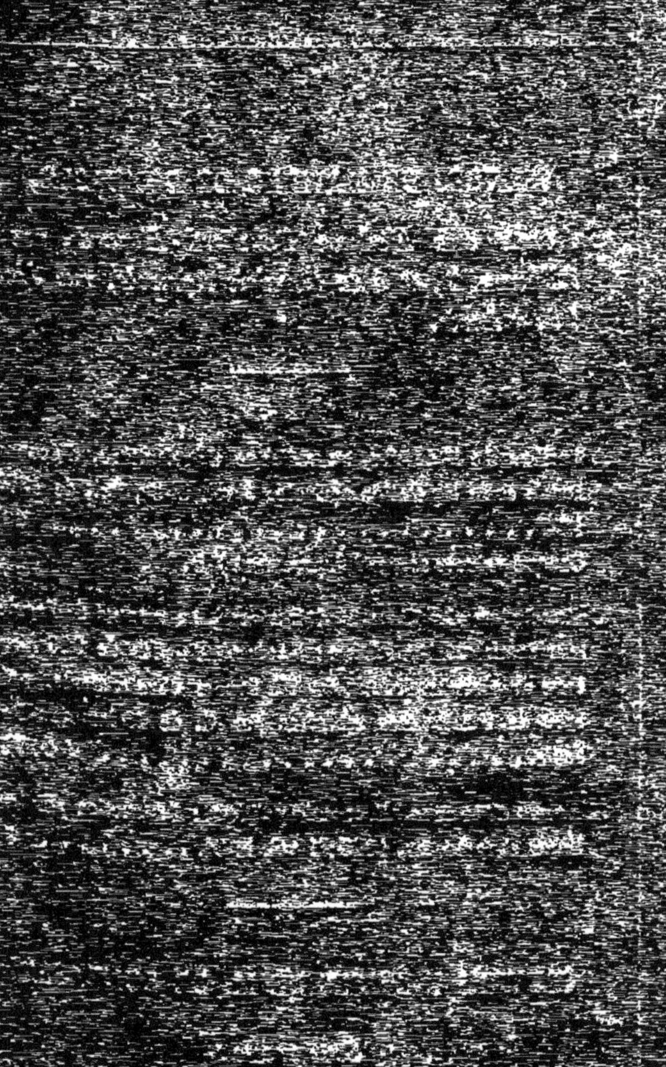

www.ingramcontent.com/pod-product-compliance
Ingram Content Group UK Ltd.
Pitfield, Milton Keynes, MK11 3LW, UK
UKHW020206130726
13696UKWH00002B/739